电气工程
英汉翻译教程

苗燕　黄敏　王琰◎主编

A Coursebook of Electrical Engineering Translation

中国矿业大学出版社
·徐州·

图书在版编目(C I P)数据

电气工程英汉翻译教程 = A Coursebook of Electrical Engineering Translation / 苗燕，黄敏，王琰主编. —徐州：中国矿业大学出版社，2022.12

ISBN 978-7-5646-5583-9

Ⅰ.①电… Ⅱ.①苗… ②黄… ③王… Ⅲ.①电气工程—英语—翻译—教材 Ⅳ.①TM

中国版本图书馆 CIP 数据核字(2022)第 205276 号

书　　名　电气工程英汉翻译教程
　　　　　　(A Coursebook of Electrical Engineering Translation)
主　　编　苗　燕　黄　敏　王　琰
责任编辑　万士才　吴学兵
责任校对　张梦瑶
出版发行　中国矿业大学出版社有限责任公司
　　　　　　(江苏省徐州市解放南路　邮编 221008)
营销热线　(0516)83885370　83884103
出版服务　(0516)83995789　83884920
网　　址　http://www.cumtp.com　**E-mail**:cumtpvip@cumtp.com
印　　刷　徐州中矿大印发科技有限公司
开　　本　710 mm×1000 mm　1/16　**印张** 11.25　**字数** 224 千字
版次印次　2022 年 12 月第 1 版　2022 年 12 月第 1 次印刷
定　　价　38.00 元

序　言

电气工程既是国民经济中能源、电力、电工制造业所依靠的技术科学，又是交通、铁路、冶金、化工、机械等产业必不可少的支持技术，在国家科技体系中具有特殊的重要地位。在国际化大环境下，国家迫切需要专业技术精、英语能力强的电气工程人才，以满足研发具有自主知识产权的高精尖产品和改造落后产业的需要。本教材专门为普通高等学校电气工程专业培养复合应用型人才而编写。教材从生产实践出发，选材广泛，将翻译技巧和电气工程专业技术知识融合起来，具有系统性、专业性和实用性的特点。

本教材最大的特点是专业性强、适用面广、涵盖面广，为学习者提供了丰富的信息和语料，语言素材选取涉及电气工程的各个方面：电机与电器、电力系统及其自动化、电力电子与电力传动、高电压与绝缘技术和电气工程新技术等。读者通过学习可以储备电气工程相关的英语知识，有助于拓宽专业知识面，建构复合型、宽厚型知识结构，为以后的电气工程英语翻译打下良好的基础。

本教材另一个特点是实用性强。本教材详细阐述了电气工程文本的翻译技巧，从词汇翻译、句子翻译和篇章翻译三个方面介绍了词性转换法、增译法、省译法、音译法、使用缩略词、分译法、合译法、顺译法、倒译法、语态转换、衔接与连贯以及变译等实用翻译技巧，通过大量的电气工程英语实例，剖析如何运用不同的翻译技巧，达到语言转换的目的。学生通过使用、阅读和学习本教材，能够接触到真实、鲜活的翻译实例，扩充自己的电气工程知识储备；能够掌握相关翻译理论和技巧，通过实例操练，真正提高自己的电气工程文本的翻译水平。

本教材整体结构合理，自成体系，操作性强。教材分为四个部分，第一部分为“电气工程专业概述”，介绍了电气工程的五个分学科；第二部分为“电气工程文本的语言特点”，介绍了电气工程英语的词汇和句法特点；第三部分为“电气工程文本的翻译技巧”，通过具体译例，重点介绍了电气工程英语的翻译技巧；第四部分为“综合练习”，提供了近四十篇电气工程文本的段落翻译练习。每一部分都有详细的讲解，便于教师讲授，易于学生参与；课堂互动性强，难易程度跨度大，适合各层次、各水平的学生；便于教师组织课堂，操作性强。

本教材由中国矿业大学外国语言文化学院苗燕、黄敏和北京科技大学王琰担任主编。具体编写分工如下:“电气工程专业概述”,“电气工程文本的语言特点”和“电气工程专业术语中英文对照表”由苗燕编写,“增译法”“省译法”由黄敏编写,“词性转换法”“音译法”由郑秀梅编写,“分译法与合译法”由赵君编写,“顺译法与倒译法”由李翠萍编写,“语态转换”由刘会民编写,“衔接与连贯”“变译”由王琰编写。全书由苗燕、黄敏和王琰负责统稿及审校。

在教材编写过程中,我们得到了中国矿业大学电气工程学院周娟老师、中国矿业大学外国语言文化学院王会娟老师、宁淑梅老师和陈硕老师的大力帮助和支持;电气工程学院邓先明老师提供了部分术语。同时,我们还参考、借鉴了部分学者在科技翻译领域的研究成果,在此表示感谢。

限于编者的能力和水平,本教材尚有不够完善和不当之处,敬请使用本教材的师生和广大读者批评指正。

作　者

2022 年 5 月

目　录

第一章 电气工程专业概述

电气工程是为国民经济发展提供电力能源及其装备的战略性产业，是国家工业化和国防现代化的重要技术支撑，是国家在世界经济发展中保持自主地位的关键产业之一。电气工程在现代科技体系中具有特殊的地位，它既是国民经济中一些基础工业（电力、电工制造等）所依靠的技术科学，又是另一些基础产业（能源、电信、交通、铁路、冶金、化工、机械等）必不可少的支持技术，更是一些高新技术的主要科技组成部分。在与生物、环保、自动化、光学、半导体等民用和军工技术的交叉发展中，电气工程是能形成尖端技术和新技术分支的促进因素；在一些综合性高科技成果（如卫星、飞船、导弹、空间站、航天飞机等）中，也有电气工程的新技术和新产品。可见，电气工程的产业关联度很高，对原材料工业、机械制造业、装备工业，以及电子、信息等一系列产业的发展均具有推动和带动作用，对提高整个国民经济效益，促进经济社会可持续发展，提高人民生活水平有显著的影响。

根据电气工程学科的发展现状，可将其分为相对独立的五个二级学科：电机与电器、电力系统及其自动化、电力电子与电力传动、高电压与绝缘技术和电气工程新技术。

一、电机与电器

电能在生产、传输、分配、使用、控制及能量转换等方面极为方便。在现代工业化社会中，各种自然能源一般都不直接拖动生产机械，应该先将其转换为电能，然后再将电能转变为所需要的能量形态（如机械能、热能、声能、光能等）加以利用。电机是以电磁感应现象为基础实现机械能与电能之间的转换以及变换电能的装置，包括旋转电机和变压器两大类。它是工业、农业、交通运输业、国防工程、医疗设备以及日常生活中十分重要的设备。

电机的作用主要表现在以下三个方面：

（1）电能的生产、传输和分配。电力工业中，电机是发电厂和变电站中的主要设备。由汽轮机或水轮机带动的发电机将机械能转换成电能，然后用变压器升高电压，通过输电线把电能输送到用电地区，再经变压器降低电压，供用户使用。

（2）驱动各种生产机械和装备。在工业、农业、交通运输、国防等部门和生活设施中，我们极为广泛地应用各种电机来驱动生产机械、设备和器具。例如，数控机床、纺织机、造纸机、轧钢机、起吊、供水排灌、农副产品加工、矿石采掘和输送、电车和电力机车的牵引、医疗设备及家用电器的运行等一般都采用电机来拖动。发电厂的多种辅助设备，如给水机、鼓风机、传送带等，也都需要电机驱动。

（3）用于各种控制系统以实现自动化、智能化。随着工农业和国防设施自动化水平的日益提高，还需要多种多样的控制电机作为整个自动控制系统中的重要元件，可以在控制系统、自动化和智能化装置中作为执行、检测、放大或解算元件。这类电机功率一般较小，但品种繁多、用途各异，例如，可用于控制机床加工的自动控制和显示、阀门遥控、电梯的自动选层与显示、火炮和雷达的自动定位、飞行器的发射和姿态调整等。

电机的种类很多。按照不同的分类方法，电机可有如下分类：

按照在应用中的功能，电机可以分为下列四类：

（1）发电机，由原动机拖动，将机械能转换为电能的电机。

（2）电动机，将电能转换为机械能的电机。

（3）将电能转换为另一种形式电能的电机，又可以细分为：① 变压器，其输出和输入有不同的电压；② 变流机，输出与输入有不同的波形，如将交流变为直流；③ 变频机，输出与输入有不同的频率；④ 移相机，输出与输入有不同的相位。

（4）控制电机，在机电系统中起调节、放大和控制作用的电机。

按照所应用的电流种类，电机可以分为直流电机和交流电机两类。

按照原理和运动方式，电机又可以分为下列五类：

（1）直流电机，没有固定的同步速度。

（2）变压器，静止设备。

（3）异步电机，转子速度永远与同步速度有差异。

（4）同步电机，速度等于同步速度。

（5）交流换向器电机，速度可以在宽广范围内随意调节。

按照功率大小，电机又可以分为大功率电机、中小型电机和微型电机。

广义上的电器是指所有用电的器具，但是在电气工程中，电器特指用于对电路进行接通、分段，对电路参数进行变换以实现对电路或用电设备的控制、调节、切换、监测和保护等作用的电工装置、设备和组件。电机（包括变压器）属于生产和变换电能的机械设备，我们习惯上不将其包括在电器之列。电器按功能可分为以下五种：

（1）用于接通和分断电路的电器，主要有断路器、隔离开关、重合器、分段器、接触器、熔断器、刀开关和负荷开关等。

（2）用于控制电路的电器，主要有电磁启动器、星三角启动器、自耦减压启动器、频敏启动器、变阻器、控制继电器等，用于电机的各种启动器正越来越多地被电力电子装置所取代。

（3）用于切换电路的电器，主要有转换开关、主令电器等。

（4）用于检测电路参数的电器，主要有互感器、传感器等。

（5）用于保护电路的电器，主要有熔断器、断路器、限流电抗器和避雷器等。

电器按工作电压可分为高压电器和低压电器两类。在我国，工作交流电压在 1 000 V 及以下，直流电压在 1 500 V 及以下的属于低压电器；工作交流电压在 1 000 V 以上，直流电压在 1 500 V 以上的属于高压电器。

二、电力系统及其自动化

电力系统是由发电、变电、输电、配电、用电等设备和相应的辅助系统，按规定的技术和经济要求组成的一个统一系统。电力系统主要由发电厂、电力网和负荷等组成。发电厂的发电机将一次能源转换成电能，再由升压变压器把低压电能转换为高压电能，经过输电线路进行远距离输送，在变电站内进行电压升级，送至负荷所在区域的配电系统，再由配电所和配电线路把电能分配给电力负荷（用户）。

电力网是电力系统的一个组成部分，是由各种电压等级的输电、配电线路以及它们所连接起来的各类变电所组成的网络。由电源向电力负荷输送电能的线路，称为输电线路，包含输电线路的电力网称为输电网；担负分配电能任务的线路称为配电线路，包含配电线路的电力网称为配电网。电力网按其本身结构可以分为开式电力网和闭式电力网两类。凡是用户只能从单个方向获得电能的电力网，称为开式电力网；凡是用户可以从两个或两个以上方向获得电能的电力网，称为闭式电力网。

动力部分与电力系统组成的整体称为动力系统。动力部分主要指火电厂的锅炉、汽轮机，水电厂的水库、水轮机和核电厂的核反应堆等。电力系统是动力系统的一个组成部分。发电、变电、输电、配电和用电等设备称为电力主设备,主要有发电机、变压器、架空线路、电缆、断路器、母线、电动机、照明设备和电热设备等。

随着电力系统规模和容量的不断扩大,系统结构、运行方式日益复杂,单纯依靠人力监视系统运行状态、进行各项操作、处理事故等,已无能为力。因此,必须运用现代控制理论、电子技术、计算机技术、通信技术和图像显示技术等科学技术的最新成果来实现电力系统自动化。

电力系统自动化是指根据电力系统本身特有的规律,运用自动控制原理,采用各种具有自动检测、决策和控制功能的装置,通过信号系统和数据传输系统对电力系统各元件、局部系统或全系统进行就地或远方的自动监视、调节和控制,来自动地实现电力系统安全生产和正常运行,保证电力系统安全、经济、稳定地向所有用户提供质量良好的电能,并在电力系统发生偶然事故时,迅速切除故障,防止事故扩大,尽快恢复系统正常运行,保证供电可靠性。

三、电力电子与电力传动

电力电子与电力传动是综合电能变换、电磁学、自动控制、微电子及电子信息、计算机等技术的新成就而迅速发展起来的交叉学科,对电气工程学科的发展和社会进步具有广泛的影响并起到了巨大的作用。

电力电子与电力传动的研究内容是电力电子器件的原理、制造及其应用技术,电力电子电路、装置、系统及其仿真与计算机辅助设计,电力电子系统故障诊断及可靠性,电力传动及其自动控制系统,电力牵引,电磁测量技术与装置,先进控制技术在电力电子装置中的应用,电力电子技术在电力系统中的应用,电能变换与控制,谐波抑制与无功补偿等。

电力电子技术是实现电气工程现代化的重要基础。电力电子技术广泛应用于国防军事、工业、能源、交通运输、电力系统、通信系统、计算机系统、新能源系统以及家用电器等。

电力电子技术是通过静止的手段对电能进行有效的转换、控制和调节,从而把能得到的输入电源形式变成希望得到的输出电源形式的科学应用技术。它是电子工程、电力工程和控制工程相结合的一门技术,它以控制理论为基础、以微电子器件或微计算机为工具、以电子开关器件为执行机构实现对电能的有效变换,高效、实用、可靠地把能得到的电源变为所需要的电源,以满足不同的负载要求,同时具有电源变换装置小体积、轻重量和低成本等优点。

电力电子技术的主要作用如下：

（1）节能减排。通过电力电子技术对电能的处理，电能的使用可达到合理、高效和节约的目的，实现了电能使用最优化。当今世界电力能源的使用约占总能源的40%，而电能中有40%经过电力电子设备的转换后被使用。利用电力电子技术将电能转换后再使用，人类至少可节省近1/3的能源，相应地可大大减少煤燃烧而排放的二氧化碳和硫化物。

（2）改造传统产业和发展机电一体化等新兴产业。目前发达国家约70%的电能是经过电力电子技术转换后再使用的，据预测，今后将有95%的电能会经电力电子技术处理后再使用，我国经过转换后使用的电能目前还不到45%。

（3）电力电子技术向高频化方向发展。实现最佳工作效率，将使机电设备的体积减小到原来的几分之一，甚至几十分之一，响应速度达到高速化，并能适应任何基准信号，实现无噪声且具有全新的功能和用途。例如，频率为20千赫兹的变压器，其重量和体积只是普通50赫兹变压器的十几分之一，钢、铜等原材料的消耗量也大大减少。

（4）提高电力系统稳定性，避免发生大面积停电事故。电力电子技术实现的直流输电线路，起到故障隔离墙的作用，可大大缩小发生事故的范围，避免大面积停电事故的发生。

电力电子技术的主要任务是研究电力半导体器件、变流器拓扑及其控制和电力电子应用系统，实现对电、磁能量的转换、控制、传输和存储，以达到合理、高效地使用各种形式的电能，为人类提供高质量电、磁能量的目的。电力电子技术的研究内容主要包括以下四个方面：

（1）电力半导体器件及功率集成电路。

（2）电力电子变流技术。其研究内容主要包括新型的或适用于电源、节能及电力电子新能源利用、军用和太空等特种应用中的电力电子变流技术；电力电子变流器智能化技术；电力电子系统中的控制和计算机仿真、建模等。

（3）电力电子应用技术。其研究内容主要包括超大功率变流器在节能、可再生能源发电、钢铁、冶金、电力、电力牵引、舰船推进中的应用，电力电子系统信息与网络化，电力电子系统故障分析和可靠性，复杂电力电子系统稳定性和适应性等。

（4）电力电子系统集成。其研究内容主要包括电力电子模块标准化，单芯片和多芯片系统设计，电力电子集成系统的稳定性、可靠性等。

电力传动系统主要有四个组成部分：

(1) 电动机。电动机是生产机械的核心部分,其主要是将电能转化成机械能带动设备进行生产,根据电源的不同电动机又有直流电动机和交流电动机之分。

(2) 传动机构。传动机构可以将电动机产生的机械能传递到工作设备中去。主要依靠传动带、联轴器等进行动能传送。

(3) 控制设备。由控制电动机、自动化元件和工业控制计算机等组成的控制设备来控制电动机的运行。

(4) 电源。电源有直流和交流两种电源,为不同的电动机和控制设备供电。

目前我国电力传动系统的研究主要围绕着交流传动系统展开,电动机的调速实现从直流发电机-电动机组调速、晶闸管可控整流器、直流调压调速逐步发展到交流电机变频调速,这与变频器性能的完善和交流电机调速技术的发展是密不可分的。特别是功率半导体器件的制造技术、交流电机控制技术和数控技术的发展使交流传动系统进展迅速。

四、高电压与绝缘技术

高电压与绝缘技术是随着高电压远距离输电而发展起来的一个电气工程分支学科。高电压与绝缘技术的基本任务是研究高电压的获得以及高电压下电介质及其电力系统的行为和应用。

高电压与绝缘技术是以试验研究为基础的应用技术,主要研究高电压的产生,在高电压作用下各种绝缘介质的性能和不同类型的放电现象,高电压设备的绝缘结构设计,高电压试验和测量的设备与方法,电力系统过电压及其限制措施,电磁环境及电磁污染防护,以及高电压技术的应用等。

高电压与绝缘技术的主要研究对象是高电压下(或高电场下)的电气绝缘问题。绝缘的作用是将电位不等的导体隔开,使导体之间没有电气连接,从而使电气设备各部分保持不同的电位,因此绝缘是电气设备结构中的重要组成部分。当作用在绝缘上的电场超过某个临界值时,绝缘将被击穿而丧失绝缘作用。同时为了减小电气设备的体积,减少绝缘在电气设备中的成本,必须研究耐受高温电场的绝缘材料。另外,随着国民经济的发展,用电量在不断增加,输电距离不断延长,电力系统工作电压也在不断提高。为了提高设备绝缘的耐受电场的能力,必须合理设计电气设备的绝缘结构,掌握各类绝缘材料在电场作用下的电气物理性能,尤其是在高电场下的击穿特性及其规律。

高电压与绝缘技术在电气工程以外的领域也得到了广泛的应用,如粒子加速器、大功率脉冲发生器、受控热核反应研究、磁流体发电、静电喷涂和静电复印等领域。

五、电气工程新技术

在电力生产、电工制造与其他工业发展，以及国防建设与科学实验的实际需要的有力推动下，在新原理、新理论、新技术和新材料发展的基础上，多种电气工程新技术(简称电工新技术)发展起来，成为近代电气工程科学技术发展中最为活跃和最有生命力的重要分支。

电工新技术是电气工程与其他学科相结合的产物，它的基础是电工基础理论与其他学科基础理论相结合而形成的。例如，冷等离子体的基础是电磁学，电磁场对生物效应的基础是电磁场与生物学，有的精密微细加工要结合放电、超声、材料几方面的学科来研究。此外，在电工新技术的发展过程中，必然出现许多问题，它将反过来启发电气工程学科提出许多新的研究内容。例如，在高功率脉冲技术中研究电子束在变化磁场中运动的特性，其能量分布、密度分布、电子束脉冲波形变化等；电磁波在等离子体中的散射；用磁流体力学处理等离子体；磁场对人体的作用等。所以电工新技术的发展对开拓电气工程学科的领域有着重要作用。有些电工理论问题可以在各个领域中研究。例如，混沌问题、非线性问题可以结合电力系统、等离子体、非线性电路等领域进行研究。

第二章 电气工程文本的语言特点

电气工程学科在工业体系中应用广泛，占有非常重要的地位。在当今社会，一个国家电气工程的发达程度决定了现代化的发展程度，同时也体现了一个国家的科技发展水平。在国际化的大背景下，国际电气技术交流日益增多，电气工程英语的应用和翻译研究也成为科技翻译研究领域的一个重要课题。

电气工程英语属于科技英语的一部分。科技英语是指在自然科学和工程技术领域中使用的英语，在句法结构和词汇方面都形成了其特有的习惯用法，它要求以最少的文字符号准确地表达、传递最大的信息量，语言精练、结构紧凑是科技英语的突出特征。科技英语的特点可以概括为准确、客观和简明。作为科技英语的重要构成部分，电气工程英语在词汇和句法等方面具有一般科技英语的特征，但同时也具有很强的专业性，与专业内容配合更为密切，具有自身鲜明的特点。

第一节 词汇特点

电气工程是现代科学领域的核心学科之一，主要涉及电机与电器、电力电子与电力传动、电力系统及其自动化、高电压与绝缘技术以及电工新技术等方向，相关工程术语必须准确、客观和专业。电气工程英语的词汇特点主要表现在四个方面：大量的专业词汇、普通词汇的专业语境使用、缩略词以及灵活的构词方式。

一、大量的专业词汇

由于科技英语范畴内的电气工程英语是表达科技概念、理论与事实的英语语域，所以专业性强，专业词汇的大量应用也就成为其应有的特点。电气工程英语的专业词汇是指电气工程领域和行业中使用的特定词汇，其中包括在实践中根据需要创造出来的词汇（见表 2-1）。

表 2-1　专业词汇与专业词义

专业词汇	专业词义	专业词汇	专业词义
diode	二极管	topology	拓扑
voltage	电压，伏特数	thermistor	热敏电阻
binary	二进制的	attenuator	衰减器
anode	阳极，正极	cathode	阴极，负极
armature	电枢	thyristor	半导体闸流管
oscillograph	示波器	ohm	欧姆
reactance	电抗	rheostat	变阻器

二、普通词汇的专业语境使用

电气工程英语中借用了很多普通词汇，并赋予其新的专业含义（见表 2-2）。因此，在理解和翻译这类词汇时需要格外严谨，应结合电气工程学科的专业知识和具体语境，必要时需借助专业词典，从而准确把握其语义。

表 2-2　词汇的专业词义与普通词义

词汇	专业词义	普通词义
bus	母线，总线	公共汽车
corona	电晕	冠状物，日冕
drain	漏极	排出，下水道
phase	相位	时期，阶段
potential	电势，电位	潜在的，潜能
strays	杂散电容（偶然出现的间层）	迷路，走散者

三、缩略词

在电气工程英语中，缩略词的使用尤其常见，因为缩略词使用起来简便快捷，意义表达精确。缩略词的构成方法最常见的是首字母缩略，例如：

ZVS (zero-voltage-switching) 零电压开关

ZCS (zero-current-switching) 零电流开关

VS (vacuum switch) 真空开关

GTO (gateturn-off thyristor) 门极可关断晶闸管

BJT（bipolar junction transistor）双极型晶体管
VCO（voltage-controlled oscillator）压控振荡器
RP（resistance potentiometer）电阻电位计
SCS（supply control system）电源控制系统
ROM（read-only memory）只读存储器
RAM（random access memory）随机存取存储器

四、灵活的构词方式

当今世界，科技日新月异，发展迅速。电气工程技术的迅速发展带动了相关英语语言的发展，表现出很强的创新性，需要扩充大量的专业词汇，而其灵活多变的构词方式满足了这种需求。例如：

（1）合成法。合成法是将两个或两个以上的词按照一定次序排列并合成一个新词，它是电气工程英语术语形成和扩展的重要途径之一。在电气工程英语中，合成法主要构成的是复合名词，主要构词形式有名词＋名词、介词＋名词等。例如：

breadboard　电路试验板
payload　有效载荷
benchmarking　基准检测
bandwidth　带宽
sparkover　放电
overhead　架空(输电线)

（2）词缀法。词缀法是电气工程英语中非常重要的一种构词方法，也叫派生法，即在词根上加前缀或者后缀，构成新的单词。常见的前缀有：anti-(反对，相反)，auto-(自动，自主)，de-(去掉，离开)，micro-(微小的)，super-(超级的)；常见的后缀有：-meter(仪，表)，-or(……机，……器)等。例如：

anti-interference　抗干扰
voltmeter　伏特计
autotransformer　自耦变压器
demodulator　解调器
superconductor　超导体
microcircuit　微电路
generator　发电机
regulator　调节器

第二节　句法特点

电气工程是研究电磁领域的客观规律及其应用的科学技术，是以电工科学中的理论和方法为基础而形成的工程技术。电气工程英语必须客观、准确地阐述、描述对象的特性、规律、研究方法和研究成果等，因此具有文体严谨、句式严整、行文简练、逻辑性强等特点，在句法表达上主要表现在三个方面：使用一般现在时和现在完成时；使用被动语态；使用复杂的长句。

一、使用一般现在时和现在完成时

电气工程英语中经常涉及很多的科学概念、公式和图表，并且要对实验过程进行客观、精确的描述，这些内容一般不因时间因素的影响而变化，所以采用一般现在时更能客观、准确地表达信息。现在完成时也属于现在时态的范畴，常常用来总结已经取得的研究成果和描述已经发生的现象。例如：

1）Whenever an electric current flows through a conductor，a magnetic force is developed around the conductor.

无论何时电流流过导体，都会在导体四周形成磁力。

2）While small generators frequently have revolving armatures，large machines usually have stationary armatures and revolving fields.

小型发电机常采用旋转电枢，而大型发电机常采用静止电枢和旋转磁场。

3）In this circuit the cutoff frequency depends only on the product of the resistance and the capacitance.

这个电路的截止频率只取决于电阻和电容的乘积。

4）A high voltage cable—also called HV cable—is used for electric power transmission at high voltage.

高压电缆，也称作 HV 电缆，用于输送高压电。

5）All these factors have contributed to changing modes of power system operation，where each utility had been self-sufficient，whereas utilities are now interdependent on neighbors because of the heavy power interchanges.

所有这些因素促成了电力系统运行模式的改变，以前供电公司都是自给自足的，而现在由于邻近的输电线路之间存在着大量负荷的变换，供电公司变得相互依赖。

上述句子均采用现在时态来表达客观事实的概念。

二、使用被动语态

电气工程英语所描述的主体通常是客观现象、实验成果和生产过程等，注重叙述的客观事实，强调叙述的事物本身，突出“客观”两个字，力戒主观意念和个人好恶。被动语态强调所论述的客观事物，比主动结构有更少的主观色彩，行文更加简洁流畅。所以在电气工程英语中被动语态使用比较频繁，在翻译时多数情况下也无须指出行为的主体。例如：

1） When the scale is designed to indicate current and the internal resistance is kept to a minimum, the meter functions as an ammeter.

当刻度被设定用来显示电流，且内阻保持为最小值时，仪表起着安培表的作用。

2） Elements are often identified by the number of electrons in orbit around the nucleus of the atoms making up the element and by the number of protons in the nucleus.

元素是通过组成该元素的原子核轨道上的电子数及原子核中的质子数来区分的。

3） The letter E is commonly used for electromotive force.

通常用字母 E 表示电动势。

4） In fact, a special class of analog signals can be converted into discrete-time signals, processed with software, and converted back into an analog signal, all without the incursion of error.

事实上，一类特殊的模拟信号可以转换成离散时间信号，通过软件处理后，转换回模拟信号，而没有任何误差。

5） The resistance can be determined provided that the voltage and current are known.

只要知道电压和电流，就能测定电阻。

从以上例句可以看出，根据具体语境的不同，被动语态可以继续译为被动句，也可以转换成主动句，或者无人称句。

三、使用复杂的长句

在电气工程英语中，为了客观、准确地表达复杂的概念，突出鲜明的逻辑关系，常常需要使用复杂的长句，这些结构层次复杂的长句包含很多的修饰语、并列结构和从句等，有时候甚至会出现从句嵌套从句的情况，要想正确理解句意，必须从句子主体部分着手，厘清各个语法成分之间的关系。例如：

1） Representation of numbers in positional notation has received such universal acceptance that we tend to overlook its importance and the long historical evolution that brought us to this point.

用位置计数法表示数得到如此广泛的认可，以致人们往往忽视了它的重大意义，也没有意识到人类走到这一步经历了多么漫长的历史。

本句中有两个从句，第一个 that we tend to overlook its importance... 是 that 引导的状语从句表结果；第二个 that brought us to this point 是 that 引导的定语从句，修饰 evolution。

2) A circuit connects circuit elements together in a specific configuration designed to transform the source signal (originating from a voltage or current source) into another signal—the output—that corresponds to the current or voltage defined for a particular circuit element.

电路基于特定的结构将电路元件连接起来，设计的目的是将源信号(来源于电压或电流源)转换为另一个信号(输出信号)，相当于一个特有电路元件的电压或电流信号。

本句的句子结构比较复杂，其句子主干是 a circuit connects circuit elements，其中 designed to transform the source signal into another signal 是过去分词作定语表示目的，破折号中间的 the output 是前面 signal 的同位语，后面 that corresponds to the current or voltage... 是 that 引导的定语从句修饰 signal。

3) Electrons which are forced out of their orbits can result in a lack of electrons where they leave and an excess of electrons where they come to rest.

电子被迫离开轨道会导致它们离开的地方电子不足，而它们停留的地方则电子过剩。

本句中的主干是 electrons can result in a lack of electrons and an excess of electrons，其中 which are forced out of their orbits 是 which 引导的定语从句，修饰前面的 electrons，后面的两个 where 引导地点状语从句。

4) It has been mentioned above that the electrons in a metal are able to move freely through the metal, that their motion constitutes an electric current in the metal and that they play an important part in conduction of heat.

上文已经提到：金属中的电子能自由地移动，电子的移动在金属中形成了电流，电子在热传导中起着重要的作用。

本句真正的主语是三个 that 引导的从句，语法上为了避免头重脚轻，用 it

作形式主语放在句首,后面两个从句中的 their 和 they 指代前面的 electrons。

5) The direction of current flow may be shown either by a hollow arrowhead or by supplying the current symbol with a double subscript whose first digit identifies the junction at a higher potential and the second the junction at a lower potential.

电流的方向既可以用一个空心的箭头表示,也可以用带有双下标的电流符号来表示,双下标的第一个数字表示相对高电位的那一点,第二个数字代表相对低电位的那一点。

本句是一个主从复合句,句子主干是 the direction of current flow may be shown by... or by...,句中 whose first digit identifies... 是一个由 whose 引导的定语从句,用来修饰前面的 a double subscript;这个从句的句子主干是 first digit identifies the junction...,and 后面是从句中一个并列的省略句,完整句子应该是 the second digit identifies the junction at a lower potential,这两个句子形式相同,所以省略了第二个句子的谓语动词。

由以上例句可以看出,复杂长句的翻译,首先必须厘清句子的句法结构和逻辑关系,然后依据电气专业知识,并基于汉语的行文表达习惯,对原文进行重构,这样译文才能既符合汉语表达习惯,又自然、流畅、准确地传递原文信息。

第三章　电气工程文本的翻译技巧

第一节　词汇翻译技巧

一、词性转换法

由于英汉两种语言分属两个不同的语系，它们在语言的表达方式上各有各的特点。尽管它们在词类划分上大致相同，但词类的使用频率在两种语言中却有差异。英语中频繁使用名词和介词，而汉语中却经常使用动词。因而，在英语翻译成汉语时，经常要用到词性转换法，即根据上下文和译文的表达习惯，在不改变原文词义的前提下，将原文中某些词的词性在译文中作相应的转换，使译文读起来更加通顺。

（一）英语词类与汉语动词之间的转换

英语与汉语比较起来，汉语中动词用得更多。英语句子中往往只能有一个谓语动词，而在汉语句子中却可以几个动词或动词结构连用。例如：确定漏失规律和揭示漏失机理，探索和研制防漏堵漏方案及工艺，对提高钻探工程质量，增加钻探工程效益具有现实和长远意义。这一个汉语句子中，就有七个动词。将其翻译成英语时，只能保留一个主要的动词“具有”作谓语动词，其他的需要转译为英语的非谓语动词。可见，英语中不少词类可以和汉语的动词互相转换。

1. 英语名词转换成汉语动词

英语学术语篇广泛使用名词化结构（nominalization），即用动词的名词化形式来表示动作意义，往往后面跟 of 介词短语，如 the rotation of the earth on its own axis。名词化结构也可以作表示时间、原因、目的等的状语或状语从句。

名词化结构表达客观存在，把动态的动作抽象为事实，传递信息，产生抽象、客观和公正的效果，也可使复合句变为简单句，使表达的概念更加确切、严密。由于汉语词语缺乏形态变化，所以学术语篇以动词结构为主。英译汉时，我们需要把这些抽象的名词化结构转变成汉语的动词。例如：

1） All substances will permit the passage of some electric current, provided the potential difference is high enough.

只要有足够的电位差，电流便可以通过任何物体。

原文中名词形式的 passage 被翻译成汉语动词“通过”。

2） An ac voltage source V in series with an impedance Z can be replaced with an ac current source of value $I=V/Z$ in parallel with the impedance Z.

一个交流电压源 V 与一个阻抗 Z 串联，可以被替换成一个值为 $I=V/Z$ 的交流电流源与阻抗 Z 并联。

原文中名词 series 与介词连接成介词短语 in series with，被翻译成汉语动词“串联”。

3） All voltage sources share the characteristic of an excess of electrons at one terminal and a shortage at the other terminal.

所有电压源共有的特性是一端电子过剩，另一端电子不足。

这里名词形式的 shortage 被翻译成汉语动词“不足”。

4） The mechanical energy can be changed back into electrical energy by means of a generator or by dynamo.

利用发电机可以把机械能转变成电能。

这里名词形式的 means 被翻译成汉语动词“利用”。

5） A thumb wheel switch is one example of an input device that uses BCD.

拨盘开关就是利用 BCD 编码进行输入的一个例子。

这里名词形式的 input 被翻译成汉语动词“进行输入”。

2. 英语介词转换成汉语动词

英语介词在组句时比汉语介词活跃，功能性更强，使用更广泛。有些介词本身就是由动词演变而来，或者具有动作意义，如 with、from、concerning、near 等，因此英译汉时，常常将英语的介词转换为汉语的动词，以符合汉语的表达习惯。例如：

1） An atom with an equal number of electrons and protons is said to be electrically neutral.

具有相同电子和质子数的原子呈电中性。

这里介词形式的 with 被翻译成汉语动词“有”。

2) The following steps can be used to interpret a decimal number from a binary value.

下面的步骤可以用来说明如何将二进制数转换成十进制数。

这里介词形式的 from 被翻译成汉语动词“转换”。

3) The decision was made concerning the relationship of current, voltage and resistance.

这种决定涉及电流、电压和电阻之间的关系。

这里介词形式的 concerning 被翻译成汉语动词“涉及”。

4) There are no electrons available to move from place to place as an electric current.

没有电子可以像电流一样从一个地方流到另一个地方。

这里介词形式的 as 被翻译成汉语动词“形成”。

3. 英语形容词转换成汉语动词

英语中一些表示情感、知觉、愿望、态度等心理状态的形容词常跟在系动词后面构成复合谓语，结构为“be/get/其他系动词＋形容词＋介词短语或从句”。这些形容词在译成汉语时，也需要转译为汉语动词。例如：

1) If the switch is open, the path is incomplete and the light will not illuminate.

如果开关断开，电路不通，电灯将不亮。

这里形容词形式的 open 被翻译成汉语动词“断开”。

2) Binary 1 indicates that a signal is present, or the switch is on. Binary 0 indicates that the signal is not present, or the switch is off.

二进制 1 表示有信号或开关打开。二进制 0 表示没有信号或开关关闭。

这里形容词形式的 present 被翻译成汉语动词“有(信号)”。

3) In other cases, such as a diode or battery, V and I are not directly proportional.

在其他情况下，例如二极管或电池，V 和 I 不成正比。

这里形容词形式的 proportional 被翻译成汉语动词“成正比”。

4) In case of a low-pass filter or baseband signal, the bandwidth is equal to its upper cutoff frequency.

对于低通滤波器或基带信号来说，带宽等于上限截止频率。

这里形容词形式的 equal 被翻译成汉语动词“等于”。

另外，英语中有些形容词含有动词的意义，尤其是以-ble 结尾的词或者和介词搭配使用的形容词；还有一些形容词是由相关动词派生出来的。翻译时，这类形容词需要转译成汉语的动词。

5）It is often desirable to use a voltage potential that is lower than the supply voltage.

人们往往希望使用的电压低于供电电压。

这里形容词形式的 desirable 被翻译成汉语动词“希望”。

（二）英语词类与汉语名词之间的转换

1. 英语副词转换成汉语名词

由于表达习惯上的差异，有些英语副词（主要是一些以名词作词根的副词）虽然在句子中作次要成分（状语），但其表达的意义和概念却在句中占有重要地位；此外，这些副词往往不好转换成状语的形式，所以我们会把它们转换成汉语的名词形式。例如：

1）Such magnetism, because it is electrically produced, is called electromagnetism.

由于这种磁产生于电，所以称为电磁。

这里副词形式的 electrically 被翻译成汉语名词“电”。

2）It may also be connected to others in the wide world, even if their configurations are different. Alternatively, a network bridge would be used to connect networks with the same configurations.

它可以连接世界范围的其他局域网，即使它们的配置不同。另外一种方法是用网桥来连接具有相同配置的网络。

这里副词形式的 alternatively 被翻译成汉语名词“另外一种方法”。

2. 英语动词转换成汉语名词

这种翻译方法一般用于汉语中只能用名词来表述的一些概念，这些概念往往没有相应的动词表述。而在英语中表达这些概念的词，通常既可以作名词，又可以作动词。例如：

1）The binary weight is doubled with each succeeding column.

二进制中每列紧邻的下一列的权重是它的两倍。

这里动词形式的 double 被翻译成汉语名词“两倍”。

2）Gases conduct best at low pressure.

气体在低压下导电性能最佳。

这里动词形式的 conduct 被翻译成汉语名词“导电性”。

3) Why is electricity widely used in industry?

为什么电在工业中有广泛的用途呢?

这里动词形式的 use 被翻译成汉语名词“用途”。

4) An RTD sensor is used to measure temperature by correlating the resistance of the RTD element with temperature.

RTD 传感器通过 RTD 元件电阻和温度的相关性测量温度。

这里动词形式的 correlate 被翻译成汉语名词“相关性”。

5) Neutrons act differently from protons.

中子的作用不同于质子。

这里动词形式的 act 被翻译成汉语名词“作用”。

3. 英语形容词转换成汉语名词

说明事物的形状时,英语往往习惯用表示特征的形容词及其比较级作表语表达,汉语却常在其后添加“性”“度”等缀词,习惯用名词来表达,如“强度”“硬度”“密度”“弹性”“流动性”等。因此,英译汉时通常要做从形容词到名词的转换。例如:

1) While this effect is interesting, it still isn't particularly useful by itself.

虽然这种效果很有趣,但是它自身并没有实际的用途。

这里形容词形式的 useful 被翻译成汉语名词“用途”。

2) Iron is not as strong as steel which is an alloy of iron with some other elements.

铁的强度不如钢的高,因为钢是铁和其他一些元素形成的合金。

这里形容词形式的 strong 被翻译成汉语名词“强度”。

(三) 英语词类与汉语形容词之间的转换

1. 英语副词转换成汉语形容词

英语的动词和形容词可以转变成汉语的名词,因此修饰动词和形容词的副词也可以随之转译成汉语的形容词。例如:

1) Why is electricity widely used in industry?

为什么电在工业中得到广泛的使用呢?

这里副词形式的 widely 被翻译成汉语形容词“广泛的”。

2) If a solid body is heated sufficiently, some of the electrons that it contains will escape from its surface into the surrounding space.

固体若加热到足够的温度时，它所含的一部分电子就会离开固体表面而飞到周围的空间中去。

这里副词形式的 sufficiently 被翻译成汉语形容词“足够的”。

3) If one or more electrons are removed, the atom is said to be positively charged.

如果原子失去一个或多个电子，该原子带正电荷。

这里副词形式的 positively 被翻译成汉语形容词“正极的”。

2. 英语名词转换成汉语形容词

英语中的某些名词，特别是一些形容词派生的名词，作表语或宾语时，将其转换成汉语形容词更符合汉语的表达习惯。例如：

1) When we talk of electric current, we mean electrons in motion.

当我们谈到电流时，我们指的是运动的电子。

这里名词形式的 motion 被翻译成汉语形容词“运动的”。

2) Because the resulting crystal has an excess of current-carrying electrons, each with a negative charge, it is known as “N-type” silicon.

因为晶体有过多的载流电子，所以每个晶体都带负电荷，这就是众所周知的“N 型”硅。

这里名词形式的 excess 被翻译成汉语形容词“过多的”。

3) Thus, the addition of the inductor prevents the current from building up or going down quickly.

这样，添加的电感器阻止电流不能迅速增大或减小。

这里名词形式的 addition 被翻译成汉语形容词“添加的”。

4) The electric conductivity has great importance in selecting electrical materials.

导电性在选择电气材料时很重要。

这里名词形式的 importance 被翻译成汉语形容词“重要的”。

3. 英语动词转换成汉语形容词

英语中的某些动词，特别是后面跟 in、as 等组成的介词短语时，为符合汉语表达习惯，汉译时可将这些动词转换成形容词，用以修饰介词后的名词。例如：

1) This type of sharing is known as a covalent bond.

这个共享类型就是熟知的共价键。

这里动词形式的 know 被翻译成汉语形容词“熟知的”。

2) Different metals differ in their conductivity.

不同的金属具有不同的导电性能。

这里动词形式的 differ 被翻译成汉语形容词“不同的”。

(四) 英语词类与汉语副词之间的转换

有时英语的名词前有多个形容词性的修饰语,在翻译成汉语时,可以把前面的形容词翻译成副词。例如:

1) Electrical resistance shares some conceptual parallels with the notion of mechanical friction.

在概念上,电阻与机械摩擦有些相似。

这里形容词形式的 conceptual 被翻译成汉语副词“在概念上”。

2) The potentials of both the grid and plate are effective controlling plate current.

栅极和板极两者的电位有效地控制着板极电流。

这里形容词形式的 effective 被翻译成汉语副词“有效地”。

3) A sample refers to a value or set of values at a point in time and/or space. A sampler is a subsystem or operation that extracts samples from a continuous signal. A theoretical ideal sampler produces samples equivalent to the instantaneous value of the continuous signal at the desired points.

样本是指在一个时间和/或者空间点上对应的一个值或者一组值。采样器是一个子系统或者用它从连续信号中提取样本的操作。理论上,理想采样器采集到的样本等于在目标点上连续信号的瞬时值。

这里形容词形式的 theoretical 被翻译成汉语副词“理论上”。

二、增译法

由于英汉两种语言之间存在巨大差异,在翻译时为了准确地传达原文的信息,译者往往需要对译文进行增加。增译法就是在翻译时根据意义上(或修辞上)和句法上的需要增加一些词来更忠实、通顺地表达原文的思想内容。但是这种增加不是对原文内容的随意增加,而是增加原文中虽无其词却有其意的一些词。电气工程英语为特殊用途英语,具有科技英语的特点,英译汉时,也需要增加在英语中有其意但无其词的部分,以便更加忠实、通顺地表达原文。

（一）增补原文中省略的词语

例如：

1） The electric potential of the reference point is called reference potential, usually is set to be the zero potential point. Points' potentials higher than the reference are positive and lower are negative.

参考点的电位称参考电位，通常设其为零，其他各点电位与它比较，比它高的为正电位，比它低的为负电位。

原文中 positive、negative 之后省略了 potential，译文中增补了原文中省略的“电位”，使原文含义在译文中表达得更充分、准确。

2） In certain voltage and rated power range, the output of power supply depends on the size of the load, which means only the needed power is given. The power supply is not necessarily working in the rated status; the same condition happens to motors, and the actual power and current depend on the size of mechanical load on the shaft, which usually is not the full-load condition, and generally should not be more than rated.

在一定电压下和额定功率范围内，电源输出的功率和电流取决于负载的大小，这意味着负载需要多少功率就供多少。电源通常不一定在额定状态工作；电动机也是这样，它的实际功率和电流取决于其轴上所带机械负载的大小，通常也不一定处于满载状态，但一般不应超过额定值。

译文中增补了原文中省略的“功率和电流”“工作”，补充了 output 和 status 后省略的内容，使原文含义在译文中表达得更充分、准确。

3） Because of the small internal resistance R_0, the current is very large and the power supply maybe suffered by mechanical (the electromagnetic force is huge) or thermal damage. At this time, the electronic energy produced by the power supply is totally spent by the internal resistance.

由于在电流的回路中仅有很小的电源内阻 R_0，所以这时的电流很大，有可能使电源遭受机械（电磁力很大）与热的损毁。此时电源产生的电能完全被内阻消耗掉了。

译文中增补了“在电流的回路中仅有”，使原文含义在译文中表达得更充分、准确。

4） Dependent sources could be treated as independent ones when solving problems but the controlling variables must be paid attention to.

在求解具有受控源的电路时，可以把受控电压(电流)源作为电压(电流)源处理，但必须注意控制变量。

原文中 solving problems 指的是“求解具有受控源的电路”，所以，在译文中将此信息补全。

5) Kirchhoff's voltage law is applied to loops to determine the relationship among segment voltages starting from any point in the circuit and circling clockwise or anti-clockwise, and the algebraic sum of all potential drops is equal to the sum of all the potential rises. The reason is that the instant potential of any point in the circuit is sole value.

基尔霍夫电压定律应用于回路，用来确定回路中各段电压间的关系。从回路中的任意一点出发，以顺时针或逆时针方向沿回路循行一周，则在这个方向上，回路中所有电位下降的代数和等于所有电位上升的代数和。这是由于电路中任意一点的瞬时电位都是唯一的单值。

译文中增补了原文中省略的“则在这个方向上”，补足了语义，使原文含义在译文中表达得更充分、准确。

(二) 增加语义和语法需要的词语

英汉两种语言在语义和语法上存在较大差异，如英语中有冠词，而汉语中没有；英语中多用关联词，而汉语中较少使用；英语中通过词形的变化来表示复数概念，而汉语则用“这些”“们”“很多”等来表示复数概念；英语中使用大量的介词，而汉语中要么用动词替代，要么不用。因此，在电气工程文本的英译汉中，可根据具体语境增加关联词、量词等词语。

1. 增添必要的关联词

例如：

1) A complete connection is impossible here, leaving a "hole" in the structure of the crystal.

由于不能形成一个完整的结合，在晶体结构中就留下一个“空穴”。

译文中增补了“由于”，使译文表达逻辑关系更清晰，译文更加流畅、自然。

2) The dielectric material in a practical capacitor is not perfect, and a small leakage current will flow through it.

实际电容器中的介电材料是不完全绝缘的，因而会通过小的漏电流。

译文中增加了“因而”，使译文语气更连贯。

3) Using a transformer, power at low voltage can be transformed into

power at high voltage.

如果使用变压器，低电压的电力就能转换成高电压的电力。

译文中增加“如果”，使语气连贯。

4) When forces are applied in the same direction, they are added. For example, if two 10 N forces were applied in the same direction the net force would be 20 N.

当这些力从相同方向施加时，则它们是相加的。例如，两个10牛顿的力从相同的方向作用，则净力是20牛顿。

5) Another important type of system is system with dead time. In this case the input value appears at the output after the dead time delay.

另一种重要的系统类型是有死区的系统。这种情况下输入值的改变只有经过死区时间延迟后才能在输出值上反映出来。

译文中增补了“只有……才”，使译文表达逻辑关系更清晰，译文更加流畅、自然。

6) The power loss is always transformed into heat and the resulting heat must be removed using an appropriate cooling system. The cooling system usually employs bulky heat sinks and noisy fans, increasing the size and weight of the entire system.

功率损耗总是转化为热量，必须使用适当的冷却系统来消除所产生的热量。冷却系统通常使用笨重的散热器和嘈杂的风扇，进而增加了整个系统的尺寸和重量。

7) The feedback process makes this so-called controlled variable more independent of external and internal disturbance variables, and is the factor which enables a desired value, the setpoint, to be adhered to in the first place.

反馈过程使所谓的控制变量更加独立于外部和内部的干扰变量，它也是使期望值即设定值始终保持在起始位置的重要因素。

8) Were there no electric pressure in a conductor, the electron flow would not take place in it.

导体内如果没有电压，便不会产生电子流动现象。

例8)原文为倒装句，were there no electric pressure in a conductor 省略了 if 并且将 were 前置，故译文中补全省略的内容“如果”，并且增补“则”，使译文表达逻辑关系更清晰，译文更加流畅、自然。同样，例4)、例6)、例7)译文中增补了“则”“进而”“也是”，以达到同样的语境效果。

2. 用增词法表达原文的单复数概念

英语中没有量词，而汉语中的量词却往往不可缺少。英语通常依靠冠词和词尾的变化表示名词的单复数，但汉语缺乏这种词形变化。鉴于两种语言的这种差异，电气工程英语翻译中经常需要适当增加量词或表示单复数意义的词语。例如：

1）The purpose of circuit theory is to discuss the circuit model but not the practical ones.

电路理论讨论的电路不是实际电路而是它们的电路模型。

译文中增加了“它们的”表示原文中的复数概念。

2）The electric equipment is called load，which can transform the electric energy into light energy，heat energy，mechanical energy and magnetic field energy，such as electric light，electric furnace，electromotor and electromagnet.

将电能转化为光能、热能、机械能和磁场能的电气设备称为负荷，如电灯、电炉、电动机、电磁铁等。

译文中增加了“等”，用来表示原文中的复数概念。

3）The voltage between two points indicates the relative height of two potentials but not the exact values.

两点间的电压表明了两点间电位的相对高度，但不表明各点的电位是多少。

译文用“各点的”来表示原文中的复数概念。

4）This section uses the simplest DC circuit as an example to discuss the working status of power supply circuit respectively：on load，open circuit and short circuit，including current，voltage and power analysis.

本节以最简单的直流电路为例，分别讨论电源电路的三种工作状态：有载、开路和短路工作状态，包括对电流、电压和功率的分析。

译文中增补“三种”，对“有载、开路和短路工作状态”进行概括，使译文更加流畅自然。

5）However，in certain conditions，the volt-ampere characteristics of some practical components such as metal film resistors and wire-wound resistors is an approximate straight line. As a result，these electrical components could be treated as linear resistors ideally.

但是在一定条件下，许多实际部件，如金属膜电阻器、线绕电阻器等，它们的伏安特性近似为一条直线，所以可用线性电阻元件作为它们的理想模型。

译文中增补“它们的”来表示原文中复数概念。

3. 增添使译文更准确的词语或短语

由于英汉表达习惯的差异，部分词汇在原文中意思明确，但在译入语中却含义模糊，因此在电气工程英语的汉译中，需要增添词语或短语，使原文含义在译文中更加准确。

(1) 增加动词。例如：

1) Open-loop control is found wherever there is no closed control loop.

没有建立闭环控制的地方就有开环控制。

译文中增加动词“建立”，更加符合专业语境的要求。

2) In simple terms, a force is a push or a pull. Force may be caused by electromagnetism, gravity, or a combination of physical means.

简言之，力就是推或拉。力可以是由电磁力、重力或一些物理方法的组合形成。

译文中增加“形成”，补全了语义，同时也符合汉语的表达习惯。

3) Circuit theories are basic reflections of the circuit basic characters. The superposition theory is due to the additive feature of the linear circuit, and throughout the whole circuit analysis.

电路定理是电路基本性质的体现。叠加定理是线性电路可叠加性的体现，并用于整个线性电路的分析中。

译文中增补“体现”“用于”以满足语境需要，符合汉语的表达习惯。

4) For transistors, the current of the collector is controlled by the current of the base; for the operational amplifier, the output voltage is controlled by the input voltage. In this regard, dependent sources are needed for modeling.

晶体三极管的集电极电流受基极电流控制，运算放大器的输出电压受输入电压的控制，所以这类器件的电路模型要用到受控电源。

5) Electricity is convenient and efficient.

电用起来方便而高效。

例4)和例5)在译文中分别增补了“用到”“用起来”，补全了语义，同时也符合汉语的表达习惯。

(2) 增加名词。例如:

1) The solution of parallel AC circuits' problems is different from series AC circuits.

并联交流电路问题的解答方法不同于串联交流电路。

汉语不习惯用动词作主语,因此在译文中增补"……方法",满足语义要求。

2) In the structure we saw above, all of the outer electrons of all silicon atoms are used to make covalent bonds with other atoms.

从上面的晶体结构我们看到,所有硅原子的最外层电子被用来同别的原子建立共价键。

原文中用单词 structure 来指代晶体结构,译文中增补"晶体"以补足原文含义。

3) By themselves, P-type semiconductors are no more useful than N-type semiconductors. The truly interesting effects begin when the two are combined in various ways, in a single crystal of silicon. The most basic and obvious combination is a single crystal with an N-type region at one end and a P-type region at the other.

就它们自身而言,P 型半导体并不比 N 型半导体更有用。真正有趣的现象是,在一个硅体中将两种半导体以不同方式结合起来。最基本和明显的组合方式是将一端做成 N 型区,另一端做成 P 型区。

4) AC motors are used worldwide in many residential, commercial, industrial, and utility applications.

交流电动机被广泛地使用在民用、商业、工业和公共事业项目中。

例 3)和例 4)中增补"方式""项目",补足语义,使原文含义更加清晰。

5) Closed-loop systems are not classified by the physical values to be controlled, but by their behavior over time.

闭环控制系统不是按照被控对象的物理值,而是根据它的滞后动作进行分类的。

译文中增补"控制",补足语义。

(3) 增加副词或形容词。例如:

1) Those three electrons do indeed form covalent bonds with adjacent silicon atoms, but the expected fourth bond cannot be formed.

这三个电子的确同相邻的硅原子形成共价键,但所希望得到的第四个共价键无法形成。

译文中增补形容词“得到的”，更加符合汉语语境和表达习惯。

2）Kirchhoff's voltage law and current law are very important and widely used in circuit analysis and calculation.

基尔霍夫电压定律和电流定律是分析与计算电路时应用十分广泛而且十分重要的基本定律。

译文中增补形容词“十分”，补足原文中 widely 之前为了避免重复而省略的 very，使译文更加符合汉语语境和表达习惯。

3）All kinds of electric equipment have their rated voltages，currents，and power. For instance，an incandescent lamp marked as voltage 220 V and power 60 W，which are its rated values. Rated value is the allowed value that the factory specified in order to keep the products operating normally in a given condition.

各种电器设备的电压、电流及功率等都有一个额定值。例如，一盏白炽灯标有电压 220 伏特、功率 60 瓦特，这就是它的额定值。额定值是制造厂为了使产品能在给定的工作条件下正常运行而规定的正常允许值。

译文中在翻译 the allowed value 时，增加了词语“正常”，呼应了 normally 表达的概念。

4）An extraordinary improvement of electric machine design lies in the calculation and analytical methods. Before 1970s，the design mainly relied on equivalent electric and magnetic circuits of machines，and was conducted with paper and pencil. It was slow and inaccurate.

电机设计的一个明显进步表现在计算手段和分析方法的提高上。20 世纪 70 年代以前，电机设计主要根据电机等效电路和磁路公式，仅依靠纸和笔人工来计算，设计精度差，计算速度慢。

译文中增加副词“仅”，强调了“20 世纪 70 年代以前，电机设计依靠纸和笔人工来计算”，导致了后面“设计精度差，计算速度慢”的缺点。

5）In the middle of 1970s，a hybrid calculation method combining manual labor and simple calculator was adopted. It was faster and more accurate.

20 世纪 70 年代中期，采用了人工和简易计算器混合计算的方法，精度有所提高，计算速度大大加快了。

原文中的比较级形式 faster，如果直接译为“加快了”，会使得语言表达过于突兀，译文僵硬，所以，译文中增加了副词“大大”，使得语言表达更加流畅、自然。

（4）增加短语。例如：

1）Actually，due to the impact of power supply or load，actual values of voltages，currents，and power may not be equal to their rated ones. For example，a light's rated value is 220 V，40 W，and it is connected to a 220 V power supply. If the power supply's voltage fluctuates，the voltage of the light is no longer 220 V and the power is no longer 40 W.

事实上，因电源或负载的因素，电压、电流和功率使用时的实际值不一定等于它们的额定值。例如，额定值为 220 伏特、40 瓦特的电灯接在额定电压为 220 伏特的电源上，但当电源电压因经常波动稍低于或稍高于 220 伏特时，加在电灯上的电压就不是 220 伏特，实际功率也不是 40 瓦特了。

译文中增补了“稍低于或稍高于 220 伏特时”，用于解释电压波动的范围，使“波动”一词词义更加具体、明确。

2）The basic task of circuit analysis is to calculate the circuit response，the power and energy according to the circuit model.

电路分析的基本任务就是在已知电路模型、电路参数和电路激励的情况下，求电路响应、计算功率和能量等。

原文中 the circuit model 包含三层含义，即电路模型、电路参数和电路激励，所以在译文中增补“电路参数和电路激励”以补全语义。

3）Drawing the sub-graphs for each single independent power source respectively. The non-operative ideal voltage source should be short cut，and the non-operative ideal current source should be open. The internal resistors and the dependent power source must be kept and the reference direction should be set.

画出原电路和各电源单独工作时的电路图，不工作的理想电压源要短路，不工作的理想电流源要开路，内阻和受控源要保留，并设定参考方向。

译文中增补“工作时”，以补全语义。

4. 逻辑性增词

英语的逻辑性往往体现在语法和上下文语境中，汉语则与之不同，因此，翻译时要作适当的增添。例如：

1）Before discussing AC motors，it is necessary to understand some of the basic terminology associated with motor operation.

在讨论交流电动机之前，有必要先了解一些与电动机运行相关的术语。

根据上下文逻辑，增加“先”补足原文语义。

2) However, the electron filling the hole had to leave a covalent bond behind to fill this empty space, and therefore leaves another hole behind as it moves. Yet another electron may move into that hole, leaving another hole behind, and so forth. In this manner, holes appear to move as positive charges through the crystal. Therefore, this type of semiconductor material is designated as “P-type” silicon.

然而，填补空穴的电子必须离开一个共价键去填补空位置，因此在它转移后又留下新的空穴。而后面的电子移进这个空穴，留下另一个空穴，如此循环往复。以这种方式，空穴看起来好像是正电荷流过晶体。因此，这种类型的半导体材料被称为“P 型”硅。

译文中增补词语“循环往复”，以补足上下文语义。

3) Early semiconductors were fabricated from the element germanium, but silicon is preferred in most modern applications.

早期的半导体都是由锗元素构成的，但在现代的应用中首先选用硅元素。

译文中增补词语“首先”，补足原文语义。

4) However, the dependent source is different; it represents the phenomenon that one part of the circuit controls another part of the circuit, or one part of the circuit variables couples with another one.

然而，受控源则不同，它反映的是电路中一处的电压或电流能控制另一处的电压或电流这一现象，或表示一处的电路变量与另一处的电路变量之间的一种耦合关系。

译文中增补“这一”，符合上下文逻辑关系，同时也符合英文的表达习惯。

5) If the current exceeds the rated vale too much, the insulation material will be over-heated and damaged; if the voltage exceeds the rated value too much, the insulation material could be broken down.

当电流超过额定值过多时，绝缘材料将因发热过多而遭损坏；当所加电压超过额定值过多时，绝缘材料可能被击穿。

译文中增加“因”“所加”符合上下文逻辑关系，同时也符合英文的表达习惯。

三、省译法

省译法，是指在不减少原文词汇所表达的实际概念、不影响原文思想内容的情况下在译文中省去原文中多余的词语。所省译的往往是原文结构视为当然、甚至必不可少而译文结构视为累赘的词语。电气工程英语翻译中主要省去一些可有可无、不符合译文表达习惯的词语，如实词中代词、动词的省略；虚词中冠词、介词和连词的省略等。

（一）省译英语结构上必需，但汉语语法上却不必要的词语

1．省略代词

代词在英语中使用频繁，而在汉语中使用频率较低，英译汉时需要省略大量的代词。例如：

1）On the analysis of the electronic circuit, electric potential is usually concerned. Such as the diode, only when its anode potential is higher than the cathode potential, the tube is breakover, otherwise it is cut-off.

在分析电子电路时，常用电位这个概念。例如二极管，只有当它的阳极电位高于阴极电位时，管子才能导通，否则就会截止。

译文中为避免表达的冗赘，省略 it，使译文简洁易懂，符合汉语的表达习惯。

2）Closed-loop systems are further distinguished by those with and those without self-regulation.

闭环系统可以根据是否有自动调节功能进一步区分。

译文中省略 those，使语句更加通顺。

3）The DC-to-DC conversion is performed in many different ways, each with a distinctive circuit technique. The most popular scheme among them is the DC-to-DC conversion circuit employing the pulse width modulation (PWM) technique. The DC-to-DC power conversion based on the PWM technique is called the PWM DC-to-DC power conversion.

DC-DC 功率变换有许多不同的方式，每一种方式都有其独特的电路技术。使用脉宽调制(PWM) 技术的 DC-DC 功率变换是最常见的一种，被称为 PWM DC-DC 功率变换。

译文中省略 them，句子更为简洁明了。

4）An inverter-driven electric machine system is a combination of power electronics and electric machines. This system can also be defined as a device through which electric energy and magnetic energy can be mutually converted. It can be used as either a generator system or a motor system.

可控电源—电机系统即为电力电子与电机的合成，是一个系统的概念，也可定义为实现电磁能量转换的系统装置。它既可以作为发电系统，也可以作为电动系统。

译文将前后两句合并为一个句子，故省译 this。

5) All kinds of electric equipment have their rated voltages, currents, and power. For instance, an incandescent lamp marked as voltage 220 V and power 60 W, which are its rated values.

各种电器设备的电压、电流及功率等都有一个额定值。例如，一盏白炽灯标有电压 220 伏特、功率 60 瓦特，这就是它的额定值。

译文中为避免表达的冗赘，省略 their，使译文简洁易懂，符合汉语的表达习惯。

2. 省略冠词

英语中，冠词用得很广泛，汉语中却没有冠词。一般情况下，英语不定冠词 a、an 如果不具有数量词 one 的含义便可省去；英语定冠词 the 如果不具有指代词 this、that、these、those 的含义，也可省略。例如：

1) Torque is a twisting or turning force that causes an object to rotate. For example, a force applied to the end of a lever causes a turning effect or torque at the pivot point. Torque (M) is the product of force and radius (lever distance).

转矩是引起物体旋转的扭曲力或转动力。例如，在杠杆的末端施加一个力，对支点会形成旋转作用或力矩。力矩(M)是力和半径(杠杆的长度)的乘积。

2) The previous chapters introduced basic knowledge of the electric circuit.

前几章介绍了电路方面的基本知识。

3) This chapter will present the transformer and the electric motor widely used in the modern lives based on the magnetic circuit.

本章在磁路知识的基础上，介绍现代生产和生活中得到广泛应用的变压器和电动机等电工设备。

4) The iron core's high permeability could lead closed loops for most magnetic fluxes. This manufactured flux path is called main magnetic circuit (or magnetic circuit). The sign Φ means the size of the main magnetic circuit.

铁芯的高导磁性可以使绝大部分磁通经过铁芯而闭合,这种人为的磁通路径称为主磁路(简称磁路),用Φ表示主磁路的大小。

5) The equation is similar to the circuit Ohm's law, and is called the Ohm's law of the magnetic circuit.

算式与电路的欧姆定律形式上相同,称为磁路的欧姆定律。

汉语中没有冠词,故以上五例的译文中均省略了不具有数量词和指代词含义的冠词。

3. 省略介词

大量地、频繁地使用介词是英语的特点之一,而汉语中介词使用的频率要低得多;汉语句子成分之间的关系往往在词序和逻辑关系中体现出来。因此,英译汉时,须省略可有可无的介词,以及介词短语。例如:

1) Disturbance variables are also of a physical nature.

干扰变量也有物理属性。

2) Technical systems process several kinds of controlled variables such as current, voltage, temperature, pressure, flow, speed of rotation, angle of rotation, chemical concentration and many more.

技术系统可以处理多种控制变量,例如:电流、电压、温度、压力、流量、旋转速度、转动角、化学浓度和许多别的对象。

3) In general, the rated value of the connected ammeter and other current coils is 5 A. The measurement values are various choices if changing current transformers and the needed current values could be shown directly on the ammeter.

通常电流互感器所接电流表或其他电流线圈的额定值均是5安培。如果更换电流互感器就可以测量不同电流,而电流表可直接显示被测电流值。

4) Because the load impedance of the secondary winding of the current transformer is small and the equivalent conversion to the primary winding is also small, it has little impact on the measured current.

由于电流互感器副绕组上的负载阻抗很小,所以折合到原绕组侧的阻抗也很小,对被测电流的影响也很小。

以上四例中的介词 of、on 无须译出，故省略。

4. 省略连词

汉语中词语之间连接词用得不多，其上下逻辑关系常常是暗含的，由词语的次序来表示。英语中则不然，连接词用得比较多。因此英译汉时在很多情况下可不必把连接词译出来。例如：

1) The leaking flux of the linear inductor is not close through the iron core, but the non-linear one does. The nonlinear one can only be written using electromagnet induction law.

线性电感的漏磁通不经过铁芯而闭合；非线性电感的主磁通经过铁芯，只能用电磁感应定律来表示。

原文中 but 的含义在译文中无须明示，故省译。

2) The voltage of dependent power supply or the current of dependent current source are different from the independent ones, the latter are independent, but the former are controlled by some voltages or currents of part of the circuits.

受控电压源的电压或受控电流源的电流与独立电压源的电压或独立电流源的电流有所不同，后者是独立量，前者则受电路中某部分电压或电流的控制。

but 的含义由译文中上下文的语义连贯体现出来，无须译出。

3) The biggest disadvantage compared with closed-loop control, is that unknown or non-measurable disturbance variables cannot be compensated.

和闭环控制相比，开环控制的最大不足就是，对于不知道或不能测量的干扰变量无法进行补偿。

that 引导表语从句，为英语语法需要，无实际意义，在译文中可省译。

4) Circuit components are the basic composition of electrical circuits, which can be divided into passive components and active ones. According to the external port numbers, circuit components can be divided into two-terminal ones, three-terminal ones, four-terminal ones, etc.

电路元件是电路最基本的组成单元，可分为无源元件和有源元件。电路元件按与外部连接的端口数又可分为二端、三端、四端元件等。

which 引导定语从句，而此定语从句在译文中直接和主句合并译为一个句子，故省译 which。

5) When analyzing the working state of the transistor, it also needs to

analyze the electric potential of each pole.

分析三极管的工作状态，也要分析各个极的电位高低。

when 引导状语从句，为英语语法需要，在译文中可省译。

5. 省略无实际意义的 it 和 there

例如：

1）To understand how diodes, transistors, and other semiconductor devices can do what they do, it is first necessary to understand the basic structure of all semiconductor devices.

要了解二极管、晶体管和其他半导体设备的性能，首先要了解所有半导体设备的基本结构。

2）However there are still little fluxes that lead the closed loops without passing through the iron core and are called leakage magnet fluxes, marked by Φ_σ.

也有少量磁通不经过铁芯而闭合，称为漏磁通，用 Φ_σ 表示。

3）There is always no needs to think about the electric field when solving the electric circuit, but for the magnetic field it does.

在处理电路时，一般不涉及电场问题；但在处理磁路时，离不开磁场的概念。

4）There are 17 times differences between B1 and B2, and so as the magnetic fluxes.

B1 与 B2 相差 17 倍，磁通也相差 17 倍。

5）To calculate the potential at some point in the circuit, it must set up a reference point firstly.

要计算电路中某点的电位，就要先设立参考点。

例 1）和例 5）中，it 是形式主语，因英语语法的需要而存在，中文则没有形式主语，所以在译文中省略了 it，符合汉语的表达习惯。例 2）至例 4）中，there 为英语语法结构 there be 的构成部分，故无须单独译出。

（二）出于修辞和表达习惯的考虑及逻辑需要省略多余的词语

在英汉两种语言中，往往会出现一些不言而喻的多余的词语，这些多余的词语从译入语的修辞、表达习惯及逻辑角度看纯属多此一举，如果一字不漏地翻译，译文不仅会别扭，而且有悖事理。因此，翻译时必须省译多余的词语。例如：

1）This method is a method to calculate the electromotive force and internal resistance using the open circuit voltage and short circuit current (usually called open circuit-short circuit method).

这是一种利用开路电压和短路电流计算电动势和内阻的方法（通常称为开路—短路法）。

如果将第一个 method 译出，则译文为“这种方法是一种……方法”，则译文表达冗赘，因此翻译时省译第一个 method。

2）The level in a container can thus be mathematically described in exactly the same way as the voltage of a capacitor.

容器内的水平面能够像电容器的电压一样精确地进行数学描述。

考虑上下文逻辑关系，thus 无须翻译，不影响句意，反之则显冗余，故省译。

3）Dependent power source is also called “non-independent” power source, or controlled power sources.

受控（电）源又称为“非独立”电源。

“non-independent” power source 和 controlled power sources 在汉语中为同一含义，如翻译 controlled power sources，则语义重复，故省译。

4）The circuit analyzing results could be close to the actual condition if the proper model is selected, or errors will occur or even achieve contradictory results.

模型选取得恰当，电路的分析计算结果就与实际情况接近，反之误差会很大甚至出现矛盾的结果。

根据上下文逻辑，if 无须译出。

四、音译法

音译（transliteration）是一种以源语言读音为依据的翻译方法，一般根据源语言词语的发音在目标词语中寻找发音相近的词语进行替代。音译可以最大限度地保留源语的文化特色和源语言的洋腔洋味。在电气工程英语中某些由专有名词构成的术语、单位名称等，可采用音译法。例如：

Ampere's right-hand screw rule 安培右手螺旋定则

Bessel filter 贝塞尔滤波器

Thevenin's theorem 戴维南定理

Hertz 赫兹

Norton's theorem 诺顿定理

这些例子中的专有名词均采用了音译法。

1) Ohm's law by itself is not sufficient to analyze circuit.

只有欧姆定律分析电路是不够的。

2) Kirchhoff's laws were first introduced in 1845 by German physicist Gustav Robert Kirchhoff(1824-1887). These laws was formally known as Kirchhoff's Current Law (KCL) and Kirchhoff's Voltage Law (KVL).

基尔霍夫定律首先由德国物理学家古斯塔夫·罗伯特·基尔霍夫(1824—1887)首次在1845年提出,它包括基尔霍夫电流定律和基尔霍夫电压定律。

五、使用缩略词

大量使用缩略词的优点在于能够使文章简洁明了,不繁复冗长,同时也能节省时间,提高效率。电气工程英语中由专有名词构成的术语,一般用英文单词的首字母代替。例如:

circuit breaker (CB)　断路器

potential transformer (PT)　电压互感器

current transformer (CT)　电流互感器

extra-high voltage (EHV)　超高压

ultra-high voltage (UHV)　特高压

light emitting diode (LED)　发光二极管

fast Fourier transform (FFT)　快速傅里叶变换

radio frequency (RF)　射频

amplitude modulation (AM)　调幅

frequency modulation (FM)　调频

International Electrotechnical Commission (IEC)　国际电工(技术)委员会

Institute of Electrical and Electronics Engineers (IEEE)　电气与电子工程师学会(美)

Institution of Electrical Engineers (IEE)　电气工程师学会(英)

1) The permanent magnet synchronous motor (PMSM) can be thought of a bridge between brushless DC motor and AC induction motors.

可以将永磁同步电动机(PMSM)视为无刷直流电动机和交流感应电动机

之间的桥梁。

原句中有三个缩略词，分别是 PMSM，DC 和 AC。PMSM 是 permanent magnet synchronous motor 的首字母缩写，DC 和 AC 分别表示直流（direct current）和交流（alternating current）。

2）Most commonly used devices for switch are bipolar junction transistors (BJTs), MOS field-effect transistors (MOSFETs) and insulated gate bipolar transistors (IGBTs). MOSFETs are widely used in the low power and low voltage applications, while IGBTs are more commonly used in motor drives and industrial applications for medium and high power range.

常用的开关器件有双极性晶体管（BJTs），金属氧化物半导体场效应晶体管（简称场效应管，MOSFETs）以及绝缘栅双极晶体管（IGBTs）。其中场效应管广泛应用于低电压低功率的电器中，而绝缘栅双极晶体管常用于电动机驱动设备和中大功率的工业设备中。

这句话中重点研究 MOSFETs，句中的 MOS field effect transistors 是半缩略词，MOS 指 metal-oxide semiconductor。

3）We have implemented the FOC control using the PSIM tool. Using the blocks in the PSIM tool the model for FOC of PMSM drive is built.

我们采用 PSIM 仿真软件进行磁场定向控制。也就是说，使用 PSIM 软件中的模块来建立 PMSM 驱动的磁场定向控制。

这句话中的 FOC（field orientation control）是磁场定向控制的意思，可以直接译出，而 PSIM 是面向电力电子领域以及电机控制领域的一种仿真应用包软件，全称是 Power Simulation。在相关领域中，该术语的缩略形式更加常见。译文中不译 PSIM 的缩略语，并在其后面加上“仿真”二字，解释 PSIM 的实际效用，同时将 tool 处理为“软件”，使读者能够一目了然，从而达到翻译的目的。

第二节　句子翻译技巧

英汉两种语言分属两种不同的语系，句子结构存在很多不同之处。英语讲究形合，专业英语阐述的内容专业性和逻辑性很强，这势必导致句子结构复杂，出现大量错综复杂的长句。汉语讲究意合，语言形式要求不那么严谨，因此短句使用较多。由于英汉两种语言在句法结构方面各有特点，大部分句子结构无法一一对应。在英译汉的过程中，将原文的句子结构作适当的调整，使译文的结构符合汉语的句法特点，是十分必要的。而分译与合译正是我们在翻译过程中用来改变原文句子结构的常用方法。它们经常交替使用，通常还要搭配其他译法，而非孤立应用，这样才能译出合格的文字。

一、分译法与合译法

（一）分译法

分译法主要用于长句的翻译。当英语长句中的主句与从句，或介词短语及分词短语所修饰的词与词之间的关系不是很密切，并且各自具有相对独立的意义时，或有时为使译文更符合汉语的表达习惯，可对原文的各个意思加以分解，然后再按照时间顺序、逻辑顺序排列，译为汉语短句或独立语，还可增减适当的词语以便短句之间衔接。分译要注意厘清原文中长句的逻辑关系，不能把原句拆得七零八落、毫无逻辑。相反，经过分译的译文应该清楚、忠实地表达原文的准确语意。

1. 状语的分译

例如：

1) Generally all electrical machines can be turned inside out, so rotor and stator exchange places.

通常来说，所有的电机都可以内外颠倒，转子和定子互换位置。

2) Alternatively, using rotor-position feedback from a shaft-position sensor, the motor phase windings can be continuously excited in such a fashion as to control the torque and speed of the motor.

换句话说，利用轴位置传感器的转子位置反馈，电动机的相位绕阻能像控制电动机的扭矩和速度常用的方式一样被持续地激励。

3) In 1871, Siemens chose platinum as the RTD element in a resistance thermometer and still today it is the most commonly used metal for RTDs besides the more economical nickel or nickel alloys.

在 1871 年，西门子选择铂作为电阻温度计的电阻元件，直到今天，它还是除了更经济的镍或镍合金以外最常用的 RTD 的金属。

4) To maintain an accuracy of 0.1% or 1 part in 1000 is difficult with an analog instrument.

在使用模拟量仪器进行测量时，要维持 0.1%或 1‰的误差是很困难的。

5) For the most part the new relays replicate the functions and operating characteristics of the old relays.

在大多数情况下，新的继电器会采用旧继电器的功能和工作特性。

6) The capacity of individual generators is larger and larger to satisfy the increasing demand of electric power.

单台发电机的容量越来越大，目的就是满足不断增长的用电需求。

该句中动词不定式短语 to satisfy the increasing demand of electric power 作状语，表示目的，采用了分译法。

7) The turn-on time, can be significantly reduced by increasing the rate and magnitude of the base current, given by the delay and rise times.

从延迟时间和上升时间可以看出，如果基电流的比率和幅值加大，导通时间可以大幅降低。

该句中现在分词短语 increasing the rate and magnitude of the base current 和过去分词短语 given by the delay and rise times 作方式状语，采用了分译法。译文中用“如果”表现出现在分词短语与主句之间的内在逻辑关系。

8) The transfer function of a transmission path through a system component is defined as the ratio of the Laplace transform of the component's output signal to the Laplace transform of the component's input signal, with all initial conditions taken to be zero (i. e., the component is initially "relaxed", or "unenergized".)

通过系统元件的传输路径上的传递函数被定义为，当全部初始条件取值为零(即这个元件是初始“松弛的”或“未储能的”)时，元件输出信号的拉普拉斯变换与元件输入信号的拉普拉斯变换之比。

该句中介词短语 with all initial conditions taken to be zero 作状语，采用了分译法。译文中使用“当”表现介词短语与主句之间的内在逻辑关系。

2. 主语从句的分译

例如：

1) It is to be understood that any or all of r(t), q(t) and c(t) may represent multiple signals.

需要理解的是，r(t)、q(t)和 c(t)可表示多种信号。

2) It is helpful to select the capacitance first and then compute the

resistance, because resistors are commonly available in more finely spaced values than capacitors.

首先选择电容值，然后计算电阻值，这是有益的，因为一般情况下，电阻器比电容器有更精细的空间值可以利用。

3) Nevertheless, because the stator and rotor windings are tightly coupled via the air-gap field, it is possible to make more or less instantaneous changes to the induced currents in the rotor, by making instantaneous changes to the stator currents.

然而，可能的情况是，由于定子和转子是通过气隙紧密耦合的，定子电流的瞬间变化使得转子感应的电流产生或多或少的瞬时变化。

4) It is very important that the manufacturers of devices with electrical contacts are developing such methods and continuously are using them as routine tests in order to confirm the reliability of electrical contacts.

非常重要的是，为了确保电气触头的可靠性，设备制造商开发了触头（实验）方法，并继续使用它们进行常规实验。

5) It is especially challenging to realize such a power electronics circuit in a small size by using integrated technology, as is required for portable electronic devices.

在移动电子设备里，电力电子电路体积小巧，需要使用到集成技术，这是一项很有挑战性的任务。

6) To reduce current ripple, it is often useful to have one solid state switch doing PWM while keeping the other switch conducting.

为了减少电流纹波，使用一个开关进行脉宽调制，另一个开关保持导通，这种方法通常是有用的。

7) It has been mentioned above that the electrons in a metal are able to move freely through the metal, that their motion constitutes an electric current in the metal and that they play an important part in the conduction of heat.

前面已经提到：金属中的电子能自由地移动，电子的移动在金属中形成了电流，电子在热传导中起着重要的作用。

8) It is an important problem how to operate a power system to supply all the complex loads at minimum cost.

如何运行一个电力系统使之以最小的成本输电给所有负荷，这是一个重要的问题。

9）Soon it was realized that these electrons must be coming from within the atoms themselves.

人们很快意识到，这些电子必须是来自其所在的原子。

上述例句中带有形式主语 it 的主语从句汉译时，先把主句的谓语译成一个独立语，然后再译从句，或相反为之。例 7）中，it 后面三个 that 从句是真正的主语。例 9）中，主句谓语的被动语态转译为主动语态，并增译泛指性的主语“人们”，使主句结构完整。

3. 定语从句的分译

（1）重复关系代词所指代的名词，有时还可以在名词之前加指示代词“这一”或“该”。例如：

1）Electronic communication is a network that connects everyone to everyone else and provides just about any sort of electronic communication imaginable.

信息高速公路是一种电子通信网络，这一网络把所有的人互相联系起来，并可提供任意一种人们想得到的电子通信方式。

2）For the high step-up applications, a novel high voltage gain converter is introduced in this paper, which combines a quadratic boost converter with three-winding coupled inductor and diode-capacitor techniques.

本文提出了一个新颖的适合于高增益场合的变换器，该变换器将平方 boost 变换器、三绕组耦合电感和二极管电容技术结合在一起。

3）It is made up of a binary counter that counts pulses from a central clock.

它是由二进制计数器组成的，该计数器依据一个中央时钟脉冲进行计数。

以上例子中，译文均在名词之前加指示代词“这一”或“该”。

（2）关系代词译成“它”“这”“其”等。例如：

1）In the car, there was a power electronics circuit which was changing the car speed, depending on the received command.

汽车使用电力电子电路，它可以根据指令控制汽车行驶速度。

2）But recent advances in thin-film technology have produced RTDs elements that now offer the design engineer a product that can be competitively priced in OEM (original equipment manufacturer) quantities.

但是近来薄膜技术的最新进展带动了 RTDs 元件的生产，这给设计工程师在 OEM(原始设备制造商)数量方面提供了具有价格竞争力的产品。

3) Numbering systems have a place value, which refers to the placement of a digit with respect to others in the counting process.

编码系统有一个数位值，它是指在计数过程中相对于其他数字的一个数字的位置值。

4) The efficiency of a solar-powered steam turbine/generator used in the power tower concept is a critical function of the absorber temperature, which is influenced not only by the incident energy but also by several factors including the heliostat optical performance, the mirror cleanliness, the accuracy of the tracking system, and wind effects.

用于电力塔概念的太阳能蒸汽轮机/发电机的效率是吸收器温度的关键函数，其不仅受入射能量的影响，还受若干因素的影响，包括定日镜光学性能，镜子清洁度，跟踪系统的准确性和风效应。

5) Another object of the invention is to provide a single-chip microcomputer integrated circuit which can accurately locate the defective component or components of a system using the single-chip microcomputer in the event of dysfunction of the system.

另一个发明的目标是提供一个单片机集成电路，它可以在系统发生功能障碍时准确定位系统里有缺陷的组件或部件。

上述例句中，原句中定语从句的引导词 which、that 分别译为“这”“它”“其”。例如：

(3) 关系代词 which、that 与其在主句中所修饰的词语能够按顺序说明、表达清楚时，可省略不译。例如：

1) These mathematical models are then combined to produce a composite mathematical model of the system, which usually takes the form of a differential equation with time as the independent variable.

然后将这些数学模型合并起来产生系统的复合数学模型，通常采用以时间为自变量的微分方程形式。

2) The PLC is a small, microprocessor-based process-control computer that can be connected directly to such devices as switches, small motors,

relays, and solenoids, and it is built to withstand the industrial environment.

PLC 就是一台基于微处理器的小型过程控制计算机,可直接连接如开关、小型电动机、继电器和电磁阀等设备,并且它做出来就是耐受工业环境的。

3) Digital systems carry information using combinations of ON-OFF electrical signals that are usually in the form of codes that represent the information.

数字系统通过导通和截止的电信号组合来表示信息,通常以编码的形式反映出来。

(4) 当关系代词 which 引导非限制性定语从句指代前面整个句子时,可把 which 翻译成"这"。例如:

1) When the voice coil motors are energized, the carrier platform of magnetic levitation vibration isolation system can suspend in the air, which shows electric energy has been transformed into magnetic energy.

当音圈电机通电时,磁悬浮隔振系统的载物平台能够悬浮在空中,这表明电能已经转换成磁能。

2) The magnetic levitation vibration isolation system can isolate low frequency vibration, which results from compensation by feedback system composed of advanced sensors, actuators and controller.

磁悬浮隔振系统能够隔离低频振动,这是由于先进的传感器、作动器和控制器组成的反馈系统对振动的补偿。

(5) 把定语从句翻译成状语从句。

英语中有不少定语从句对其先行词并无明显的修饰和限制作用,而是隐含着主句的原因、结果、目的、条件、让步、时间状语等意义。英译汉时,可根据其逻辑意义译成汉语相应的状语从句,一般也应增译出相应的关联词语。例如:

1) However, the use of low-temperature heat limits the theoretical maximum thermodynamic efficiency achievable by the heat engine, which limits the overall system efficiency.

然而,低温热的使用限制了热机所能达到的理论上的最大热力效率,从而限制了整个系统的效率。

2) Copper, which is used so widely for carrying electricity, offers very little resistance.

铜的电阻很小,所以广泛用来输电。

3) The diode is coated with a thin layer of hard glass which eliminates the need for a hermetically sealed package.

二极管的表面有一层薄薄的硬玻璃，故无须使用密封的管壳。

4) An electrical current begins to flow through a coil, which is connected across a charged condenser.

如果线圈同充电的电容器相连，电流就开始流过线圈。

5) Electrical energy that is supplied to a lamp can be turned into light energy.

电供给电灯时，会变成光能。

6) Induction motors cannot operate by direct current, which would generate zero output torque and burn out the wires in the induction motors.

感应电机不能使用直流电，因为直流电会产生零输出转矩和烧坏其中的导线。

上述例句中，原文中的定语从句与主句都有内在的逻辑关系，将其译为汉语的状语从句，例 1)、例 2)、例 3)译为结果状语从句，例 4)译为条件状语从句，例 5)译为时间状语从句，例 6)译为原因状语从句。译文中增译了相应的关联词语表现定语从句与主句的内在逻辑关系。

（二）合译法

科技英语的文体特点是结构严谨、逻辑性强，这就导致科技英语的句子一般较长，修饰成分较多，结构普遍复杂。为了使译文言简意赅，符合汉语的逻辑和表达习惯，有时在英译汉时，就必须改变句子的结构，将两个或两个以上的单词、简单句或复合句压缩、糅合在一起进行翻译，这就是合译法。合译法主要用于定语从句，即把定语从句与主句合译成一句，把定语从句译成句中的一个成分，主要是译成定语或谓语。

1. 译成定语

英语中的限制性定语从句，均位于它所修饰的词之后，一般为全句必不可少的成分，如果省去，主句就会发生意义上的变化，甚至由于意义不完整而不知所云。所以，凡是较短的限制性定语从句，常常把从句融合在主句里，省去关联词，译成主句的定语，即“……的”，某些较短的非限制性定语从句，有时也可译为主句的定语。例如：

1) The control element, or controller, is the agency that applies a control signal to the plant.

控制元件或控制器就是向设备施加控制信号的机构。

2）To be acceptable, a control system must have physical properties and performance characteristics that satisfy all concerned observers.

要得到认可，控制系统必须具备使所有相关观测者满意的物理性质和性能特点。

3）The integral term (when added to the proportional term) accelerates the movement of the process towards setpoint and eliminates the residual steady-state error that occurs with a proportional only controller.

积分项(当加入到比例项中)加速了向设置点运动的过程，并消除伴随纯比例控制器的残余稳态误差。

4）In signal processing, a filter is a device or process that removes from a signal some unwanted component or feature.

在信号处理中，滤波器是用以移除信号中某些不受欢迎的成分或特性的装置。

5）A PM material is a kind of special material that is magnetized and produces persistent magnetic field without external energy.

永磁材料是一种能够在充磁之后不需要外部能量供应即可产生持续磁场的特殊材料。

6）Net force is the vector sum of all forces that act on an object, including friction and gravity.

净力是作用于一个物体的所有力的向量和，包括摩擦力和重力。

7）The use of companding allows signals with a large dynamic range to be transmitted over facilities that have a smaller dynamic range capability.

压扩能使一个具有较大动态范围的信号，顺利通过那些只有有限动态容量的设备。

8）Current is determined by the number of electrons that pass through a cross-section of a conductor in one second.

电流的大小由在 1 秒钟内流过导体横截面的电子数量决定。

9）The type of distribution system that the consumer uses to transmit power within building depends on the requirements of particular installation, and residential buildings generally use the simplest one.

用户用于在建筑内传输电能的配电系统类型取决于各自的安装要求，居民住宅通常使用最简单的类型。

10) The multiplexed signal is transmitted over a communication channel, which may be a physical transmission medium.

多路复用信号由一条物理传输介质构成的通信通道进行传输。

11) The development of the protection system requires special attention due to the massive presence of power electronic converters, which have reduced capability to provide large fault currents.

由于电力电子变换器的大量存在,具有降低大的故障电流能力的保护系统的发展需要特别的关注。

12) Now consider another servo position control system, which is used for controlling the position of hull of a big ship.

现在考虑另一种用于控制一条大船船体位置的伺服位置控制系统。

上述十二个例子中,前九例均把限制性定语从句译成了"的"字结构;而例10)、例11)、例12)则把原文中的非限制性定语从句译成了"的"字结构。

2. 译成谓语

有些定语从句是全句的重点,如果要突出从句的内容,英译汉时,可将英语从句中的谓语译成汉语主句中的谓语,而把主句压缩成主语。例如:

1) A semiconductor is a material that is neither a good conductor nor a good insulator.

半导体材料既不是良导体,也不是好的绝缘体。

2) In a conductor there are a large number of electrons which move freely from atom to atom.

导体中有大量的电子在原子间自由活动。

3) Electricity energy that is supplied to the motor may be converted into mechanical energy of motion.

电能供给电动机时,就变成运动的机械能。

4) Electromagnetic waves carry the energy which is received from the current flowing in the conductor.

电磁波携带的能量是从导体中流动着的电流中获得的。

5) Any electronic device that can be set in one of two operational states or conditions by an outside signal is said to be bistable.

任何电子器件通过外部信号都可以设定在两种运算状态或条件中的一种

中，这就是所说的双稳态。

二、顺译法与倒译法

在电气工程英汉翻译中，经常会遇到如何安排词语顺序（包括句子顺序）的问题，亦即采用顺译法或倒译法的问题。大家知道，就语法规律而言，在词语顺序上，英语和汉语有许多相同之处，也有一些不同点。因此，有时可采用顺译法，有时须采用倒译法。从句子结构来看，在正常语序下，英语和汉语中下列五种常见句型中各种主要成分的顺序是相同的：

（1）主语＋谓语（连系动词）＋表语；

（2）主语＋谓语（不及物动词）；

（3）主语＋谓语（及物动词）＋宾语；

（4）主语＋谓语＋宾语＋宾语补足语；

（5）主语＋谓语＋间接宾语＋直接宾语。

而有关状语和定语在句子中的位置，以及某些复合句中主句与从句的顺序等，英语和汉语有时是不同的。所以应当根据汉语的语言习惯和语句排序规律来翻译，而不拘泥于原文的结构和顺序。

正因为大多数英语和汉语的主要句子成分的顺序相同，所以一般可以按照英语的顺序译成汉语（但绝非一律逐字对译）。译文同原文的词语顺序（包括主句和从句的先后顺序）是相同的，我们称为“顺译”。如果译文在词语顺序，特别是句子顺序上，同原文有显著差别，我们称为“倒译”。

（一）顺译法

顺译法是指在英译汉过程中，按原文行文的先后顺序或按内容的逻辑顺序，依次译出译文的翻译方法。英语和汉语的词序在主要成分上是一致的，特别是在电气工程英语中，句式相对固定，因此在翻译中可尽量采用顺译法。顺译法可分为两种：

1. 完全顺译

完全顺译是指基本上按原文顺序加以翻译，且不需要增减内容。通常，如果原文是长的简单句和结构简单的复合句，它们顺序性强，句中有较多的并列、顺接连词或是英语逻辑习惯与汉语相同，且修饰成分不多，特别是没有很长的名词性从句或定语从句时，可采用这种译法。例如：

1）In the case of reverse-biased voltage, only a small leakage current flows through the diode.

施加反向电压时，只有极小的漏电流通过二极管。

2）The single-phase voltage source half-bridge inverters are meant for lower voltage applications and are commonly used in power suppliers.

单相电压源半桥逆变器适用于较低电压的应用，在电源中常用。

3）By the classic definition，electrical machine is synonymous with electrical motor or electrical generator，all of which are electro-mechanical energy converters：converting electricity to mechanical power（i. e. electrical motor）or mechanical power to electricity（i. e. electrical generator）.

在经典定义中，电机是指电动机和发电机，它们同为机电换能器，主要将电能转换为机械能（如电动机），或是将机械能转换为电能（如发电机）。

以上三个例子，基本上都按照原文顺序翻译，且未作内容上的增加或删减，属于完全顺译。

2. 基本顺译

基本顺译是指基本按照原文的顺序翻译，但还需在个别地方增加或省略一些词语，以使译文更符合汉语的表达习惯。英语中有些句子较长，包含两个或两个以上的从句，有些是较长的并列句，它们的逻辑结构与汉语相似，但是为了满足语言形式的要求，英语中会出现很多连词、代词、冠词、重复的词汇等，因此在翻译成汉语时，会依据汉语的说话习惯，省略一些不必要的词汇或增加一些词汇实现行文的流畅。例如：

1）The optimal power flow（OPF）is one very important computer tool to help the operator to achieve this reliable and economic power system operation for which the utility has autonomous responsibility.

优化潮流（OPF）是一个非常重要的计算工具，它能帮助运营商实现可靠和经济的电力系统运行，自主承担责任。

该句在译文中没有采取任何手段来改变原文的顺序，但由于原句太长，完全顺译不符合汉语的表达习惯，所以翻译时在 to help the operator 前增加了代词“它”，同时省译了代词 this 和与上文内容有重复的 for which the utility，这样读起来更顺畅。

2）Power electronic devices may be used as switches or as amplifiers.

电力电子器件可用作开关器件和放大器。

3）Unlike a fuse，which operates once and then must be replaced，a circuit breaker can be reset（either manually or automatically）to resume normal operation.

不像熔断器那样一次操作就必须更换，断路器能够复位（人工或自动）从而恢复正常运行。

4) Although transformers do not contain any moving parts, they are also included in the family of electrical machines because they utilize electromagnetic phenomena.

虽然变压器并不包括任何运动器件，但它们仍然被认为包含在电机中，因为它们利用电磁现象。

例 2)至例 4)的语序基本不变，但例 2)省译了与上文内容重复的 as；例 3)省译了冠词 a、关系代词 which 和副词 then，增加了汉语中特有的连词“从而”；例 4)的译文在两句间增加了连词“但”，省掉了 in the family of。

（二）倒译法

倒译法是指在英译汉时，当英语的时间、逻辑等叙事层次与汉语不一致时，往往需要改变原文语序，甚至逆着原文语序进行翻译的方法。该方法常用在状语、定语、被动句和“it＋谓语＋真正主语”结构的翻译中，在较长的复合句翻译时也常常使用。

1. 状语的倒译

在英语中，状语一般放在被修饰的谓语后面，有时为了强调也可以放在句首，也可以放在动词之前或助动词与动词之间，较长的状语一般放在句末。而在汉语中，状语通常放在被修饰的谓语前面或句首。因此在英汉翻译中，为了保证汉语译文的流畅，常常会将状语前置。

（1）短语、分词、副词等作状语的倒译。例如：

1) The term baseband bandwidth always refers to the upper cutoff frequency, regardless of whether the filter is bandpass or lowpass.

无论滤波器是带通还是低通，术语基带带宽总是指上限截止频率。

2) Induction motors generally have a poor power factor, which can be improved by a compensation network.

感应电机通常功率因素较差，可通过补偿网络加以改善。

3) Current source inverters are used to produce an AC output current from a DC current supply.

电流源逆变器被用于从直流电流供电产生交流输出电流。

4) This requires that the rotor rotates at other than synchronous speed,

so that the rotor coils are subjected to a varying magnetic field created by the stator coils.

这就要求转子以非同步速度旋转，从而使转子线圈被定子线圈产生的变化磁场所控制。

5）Analog quantities vary continuously，and analog systems represent the analog information using electrical signals that vary smoothly and continuously over a range.

模拟量是连续变化的，模拟系统通过在某一范围内平滑而连续地变化的电信号反映模拟信息。

6）If the steady-state response of the output does not agree exactly with the input，the system is said to have a finite steady-state error.

如果稳态响应的输出与输入不完全吻合，可以认为该系统有一个有限的稳态误差。

例 1）至例 4）中介词短语作状语，分别为 regardless of whether the filter is band-pass or low-pass、by a compensation network、from a DC current supply、at other than synchronous speed；例 5）中的 using electrical signals that vary smoothly and continuously over a range 是现在分词作状语；例 6）中的副词 exactly、介词短语 with the input 作状语，在汉译时都放在了句首或动词前面。

（2）状语从句的倒译。

英语中的状语从句比较多，位置也比较灵活，有时置于主句之前，有时置于主句之后。而汉语倾向于使用由表及里、层层深入的表现方式。因此在翻译状语从句，尤其是时间状语从句、条件状语从句、让步状语从句时，这类状语从句的翻译基本上都放在汉语句子前面。例如：

1）A synchronous machine has steady-state stability if，after a small slow disturbance，it can regain and maintain synchronous speed.

电机若在遭遇小的缓慢干扰时，能恢复并维持同步转速，则同步电机具有静态稳定性。

2）Many techniques—such as carrier recovery，clock recovery，bit slip，frame synchronization，rake receiver，pulse compression，received signal strength indication，error detection and correction，etc.—are only performed by demodulators，although any specific demodulator may perform only some or none of these techniques.

虽然任何专用解调器可以仅执行这些消息解调技术的一部分或者根本没有执行，但很多技术只能用解调器实现，如载波恢复、时钟恢复、滑码、帧同步、分离多径接收器、脉冲压缩、接收信号强度指示、错误检测、错误纠正等。

3）This current is independent of reverse voltage until the breakdown voltage is reached.

在没达到反向击穿电压前，该电流与反向电压无关。

4）Large investments are necessary, and continuing advancements in methods must be made as loads steadily increase from year to year.

随着负荷逐年稳步增长，需要加大投资并不断改进方法。

5）It behaves as a variable capacitor when the field is overexcited, and as a variable inductor when the field is underexcited.

当磁场过励时，它可以作为可变电容器使用；当磁场欠励时，它可以作为可变电感器使用。

6）Some spark gaps are open to the air, but most modern varieties are filled with a precision gas mixture, and have a small amount of radioactive material to encourage the gas to ionize when the voltage across the gap reaches a specified level.

一些火花间隙对空气开放，但是大部分现代产品充满了精密的混合气体，并且有一小部分放射性材料，当通过间隙的电压达到一个特定值时，材料会击穿气体使之电离。

以上例1)中的条件状语从句、例2)中的让步状语从句及例3)至例6)中的时间状语从句在翻译时都使用了倒译法，更加符合汉语的语言逻辑。

2. 定语的倒译

英语中，定语可以放在被修饰的名词、代词之前，也可以放在被修饰的名词、代词之后。一般说来，单个词作定语放在被修饰的词之前，翻译时无须调整语序，而短语或从句作定语时则放在被修饰的词之后，英译汉时则要将后置定语或定语从句前置。

(1) 后置定语的倒译。

英语中常会用介词短语、分词短语或不定式短语作定语放在被修饰词之后，翻译成汉语时，一般要将这些后置定语放在被修饰词之前。例如：

1）If the maximum reverse voltage exceeds the permissible value, the leakage current rises rapidly, as with diodes, leading to breakdown and thermal destruction of the thyristor.

当反向电压最大值超过允许值时，反向漏电流迅速增大，同二极管一样，出现击穿现象，导致晶闸管发热损坏。

2) However, it is not the only challenge, in addition to the power used by a load to do useful work (termed as real power), many alternating current devices also use an additional amount of power because they cause the alternating voltage and alternating current to become slightly out-of-synchronous (termed as reactive power).

然而，这不仅是挑战，除了负荷利用电能来做有用功(术语称为有功功率)之外，许多交流设备还要使用额外的功率，因为它们导致了交流电压和交流电流出现轻微的不同步(术语称为无功功率)。

3) The drawback of filtering is the loss of information associated with it.

过滤的缺点是会损失一部分相关信号。

4) In analog-to-digital conversion, the difference between the actual analog value and quantized digital value is called quantization error or quantization distortion.

在模拟—数字转换中，实际模拟值与量化后的数字值之间的差值称为量化误差或量化失真。

5) In medicine, spectral analysis of various signals measured from a patient, such as electrocardiogram (ECG) or electroencephalogram (EEG) signals, can provide useful material for diagnosis.

在医学领域，对患者的心电图、脑电波等各种检测信号进行频谱分析，有助于病情诊断。

例 1)中的 of the thyristor，例 2)中的 used by a load，例 3)中的 of filtering、associated with it，例 4)中的 between the actual analog value and quantized digital value，例 5)中的 of various signals 和 measured from a patient, such as electrocardiogram (ECG) or electroencephalogram (EEG) signals 均为后置定语，在译成汉语时都放在了被修饰词前面。

(2) 定语从句的倒译。

英语中的定语从句一般放在所修饰的先行词之后。电气工程英语中，定语从句使用的数量比较多，有的结构比较简单，有的结构相当复杂，有的与先行词关系密切，有的与先行词关系松散，因此翻译时灵活性较大。一般情况下，限制性定语从句与先行词关系密切，尤其是一些较短的限制性定语从句，没有它，主句的意义便不完整，这类定语从句一般会按照汉语定语前置的习惯将其翻译成带“的”的定语，放在先行词前面。一些较短而具有描写性的英语非限制性定语从句，也可以译成带“的”的定语，放在被修饰词前面，但是这种处理方法的使用不如在英语限制性定语从句中那样普遍。例如：

1) Specialized power systems that do not always rely upon three-phase AC power are found in aircraft, electric rail systems, ocean liners and automobiles.

一些不使用三相交流电源的专用电力系统应用在飞机、电动轨道系统、远洋班轮和汽车上。

2) To meet these requirements, high-speed protection systems for transmission and primary distribution circuits that are suitable for use with the automatic reclosure of circuit breakers are under continuous development and are very widely applied.

为了满足这些要求，适合使用带自动重合器的断路器的输电和主配电线路的高速保护系统正在不断发展并具有非常广泛的应用。

3) A statement declaring a power system to be “stable” is rather ambiguous unless the conditions under which this stability has been examined are clearly stated.

宣布一个电力系统是“稳定的”，这种表述是比较模糊的，除非这种得到检测的稳定性状况已被清晰地陈述。

4) A reference signal, which drives the thyristor gates, specifies the frequency, the polarity, and the amplitude of the output voltage Us load.

控制晶闸管门极的参考信号确定了输出电压 Us 的频率、极性和幅值。

5) AC/DC line-commutated converters or, as they also called, converters with natural commutation or passive rectifiers, are the most usual choice for applications, where a single-phase and three-phase supply is available.

交流/直流线路换流型整流器，即人们俗称的自然换流型整流器或无源滤波器，在单相或三相电路中的应用最为普遍。

例 1)、例 2)中的 that 和例 3)中的 which 引导的是限制性定语从句，例 4)、例 5)中的 which、where 分别引导的是较短的非限制性定语从句，它们都与所修饰的词关系密切，翻译时都放在了被修饰词前面，这样可以对所修饰词起更好的限定作用。

3. “it＋谓语＋真正主语”结构的倒译

it 为先行词在句中作形式主语，真正的主语，如主语从句、不定式短语等，放在谓语之后。翻译此类句子时，为了语言表达顺畅，有时采用倒译法，即先将后面真正的主语先译出，再将 it 译出，可译作“这……”，如果不需要强调，it 也可以不译。例如：

1) Hence, it is important to learn about the sources of noise and their nature.

因此，了解噪声的来源及其特性是很重要的。

2) It is very common for information to be encoded in the sinusoids that form a signal.

将信息编码到正弦波中形成信号是一种常见的方法。

3) It is important to realize that fault currents are mainly of power frequency character but that they also can contain high-frequency components.

故障电流主要是工频特征但也含有高频成分，认识到这点很重要。

4) It is possible to define Fourier coefficients for more general functions or distributions.

对于更一般的函数或分布式来说，傅里叶系数是可以确定的。

5) It is necessary to make a great amount of effort to maintain an electric power supply within the requirements of the various types of customers served.

为了保证电力供应以满足不同类型用户的要求必须付出很大的努力。

这些例子都是先将后面的真正主语译出，这样的译法让汉语表述更为流畅。

4. 被动句的倒译

被动句在电气工程英语中使用极为广泛，为了客观地表达所表述的内容，往往使用被动语态。而汉语中这一特征则不明显。汉语中的被动结构使用频率较低，因为汉语的“被”“受”“遭”等字眼往往给人以不舒服的感觉。因此在翻译英语被动语态时，常转化为汉语的主动结构。将英语被动句译成汉语时有多种处理方式，当译者选择使用施动者作主语，或者译成汉语的无主句时常使用倒译法。

(1) 使用施动者作主语时的倒译。例如：

1) However, all demodulators require the use of a nonlinear device in order to recover the original modulating frequencies, because these frequencies are not present in the modulated carrier and new frequencies cannot be produced by a linear device.

然而,所有的解调器都需要一个非线性装置来还原初始调制频率,因为调制波中不存在该频率,且线性装置不能产生新频率。

2) In practice, the continuous signal is sampled using an analog-to-digital converter (ADC), a device with various physical limitations.

在实际应用中,通常用具有不同物理阈值的模拟—数字转换器,对连续信号进行采样。

3) Smaller, power systems are also used in industry, hospitals, commercial buildings and homes.

工厂、医院、商业建筑和住宅中则可以使用一些小型电力系统。

4) Distortion is usually unwanted, and often many methods are employed to minimize it in practice.

在实际应用中失真往往无法避免,人们不得不想方设法尽力将失真度降到最低。

例 1)中的施动者 a linear device 由 by 引出,例 2)、例 3)中的施动者 an analog-to-digital converter (ADC)和 industry, hospitals, commercial buildings and homes 分别隐藏在句子的状语和介词短语中,例 4)中没有写出施动者,但它隐藏的施动者是"人们"。当把放在 by 后面的施动者或隐藏的施动者译出时,一般会使用倒译法,按照"施动者+动词"的顺序译出。

(2) 译成汉语无主句时的倒译。

在英语中有许多被动句未提及施动者,这种句子常常可以译成汉语的无主句。此时需把原文"受动者+动词"结构的顺序调整为"动词+受动者"。例如:

1) For lower voltage distribution lines, wooden poles are generally used rather than steel towers.

对于低压配电线路,更多使用木质电线杆,而不是铁塔。

2) Electric power is of such a nature that whatever electric power is needed must be generated by generators at any time t.

电力具有这样一种性质,即在任何时刻 t,所需的电能必须由发电机生产提供。

3）Quality standards have quickly been identified and standards have been formulated which are valid world-wide with minor variations.

现在已经快速确定了质量标准，且制定的标准在全世界都有效，只是存在微小的变化。

4）In telecommunications，equalizers are used to render the frequency response—for instance of a telephone line，flat from end-to-end.

电信学中常用均衡器来补偿频率响应，例如，用均衡器使电话线的首尾响应逐渐变平。

例 1）中的 wooden poles are generally used、例 2）中的 electric power is needed、例 3）中的 quality standards have quickly been identified 和 standards have been formulated 以及例 4）中的 equalizers are used 描述的都是客观事实，原句未指出施动者，汉语相应地翻译为无主句，在翻译成汉语时都调整了谓语动词和受动者的顺序，这样比按原句顺序采用被动形式翻译要更为通顺。

5. 长句的倒译

电气工程英语中也经常会出现一些长的复合句，语言结构层次多而且复杂。英语是逻辑性较强的语言，常借助形态标记表达逻辑，而汉语是临摹性较强的语言，注重显示事理逻辑和时间顺序；英语习惯重心在前，常按照先果后因、先结论后分析、先假设后推论的方式排列句序，而汉语习惯重心在后，常按先因后果、先分析后结论、先推论后假设的方式排列句序。因此，如果英语长句叙述事件的时间或逻辑顺序与汉语表达不一致，便可使用倒译法按照汉语的表达习惯翻译。例如：

1）A series circuit is formed when a number of resistors are connected end-to-end so that there is only one path for current to flow.

当若干电阻首尾相连构成一条电流能流过的路径，就形成了串联电路。

这个句子中表示条件的 when a number of... to flow 出现在表示结果的主句 a series circuit is formed 之后，按照汉语先分析后结论的表达习惯，翻译时调整了语序。

2）The operating staff must continually study load patterns to predict in advance those major load changes that follow known schedules，such as the starting and shutting down of factories at prescribed hours each day.

操作人员必须不断研究负荷模式，遵循已知的时刻表，比如工厂每天规定的开工和停工时间，提前预报主要的负荷变化。

3) A critical mass is achieved when enough nuclear material is brought together to allow the fission reactions to continue without an external supply of neutrons.

如果把足够的核原料集中起来,没有外来中子,而核裂变持续进行的话,那么,就可以达到临界质量。

4) The method normally employed for free electrons to be produced in electron tubes is thermionic emission, in which advantage is taken of the fact that if a solid body is heated sufficiently, some of the electrons that it contains will escape from its surface into the surrounding space.

固体加热到足够温度时,它所含的电子就会有一部分离开固体表面而飞到周围的空间中去,这种现象称为热电子放射。通常,电子管就利用这种现象产生自由电子。

例 2)至例 4)中都包含了从句和很多修饰成分,逻辑关系复杂,在翻译时,例 2)按照时间、例 3)按先假设后推论、例 4)按先分析后结论、先假设后推论的顺序重新进行了排序。在翻译此类句子时,都需要先厘清英语原有的逻辑结构和意思,再打破其原有的结构框架,并按照汉语表达的逻辑习惯重新调整顺序,这样才能产出通顺且忠实的汉语译文。

综上所述,顺译法和倒译法是翻译过程中处理语序的两种重要方法,二者相辅相成,辩证统一,都是为"信、顺"这一翻译标准服务的,在翻译实践中,可以灵活使用。原则上,我们尽可能顺译,如果顺译不能流畅、通达地表达原意,则采用倒译或顺倒结合的译法。事实上,完全顺译的情况是不多的,顺译和倒译常常是交织在一起使用的。具体采用什么方法,要根据语言的表达需要而定,不能绝对化。

三、语态转换

英汉两种语言都有被动语态,但使用情况却大不相同。从使用范围上来说,被动语态在英语中使用非常广泛。通常在不必或不愿说出施动者、无法指出施动者、强调受动者,或者是为了使上下文更流畅等情况下,英语中都会使用被动语态。由于汉语动词本身可表达被动含义,因此虽然也有被动语态,使用得却非常少。从英汉语言结构上看,英语中被动语态是由及物动词的过去分词形式构成的,即"助动词 be+过去分词",汉语动词则没有这种形式。此外,被动语态是文字表述客观化的手段之一,可以增强论述的客观性,而汉语中这一特征则不明显。尤其是在科技英语中，科技文献侧重叙事和推理，强调真实性和客观性，读者重视的是作者的观点和发明的内容，而不是作者本人，所以科技英语中被动语态使用得非常广泛。大量使用被动语态可以说是科技英语的一大特征。

由于这些差异，在英译汉的过程中，在翻译含有被动语态的句子时，不能够生硬地一一对应，需要我们按照译入语的表达习惯，灵活地选择适当的句式。而在汉译英的过程中，许多汉语主动形式的句子也可以按照英文的表达习惯调整为被动句。

将科技文体中的英语被动句翻译成汉语时，大部分含有被动语态的句子都可以改译成主动句或无主句，但有时仍然需要保留被动语态，必要时还可以译成其他的句子形式。所有这些都要求译者遵循翻译的基本标准，以译文能够准确表达原文意思、符合汉语表达方式为宗旨，要视具体情况，灵活采用各种翻译方法和技巧。

（一）译为主动句

由于在汉语中被动形式使用较少，许多英语被动句在翻译时都可以按汉语表达习惯翻译为汉语主动句。英语中常将受动者作为句子的主语，以此作为谈论的主题。而将英语被动句译成汉语主动句时，译者应该按汉语表达习惯选择主语。主语可以是原句的主语，也可以是 by 后面的名词或代词，还可以是原句中隐藏的动作执行者。英语中含有被动语态的句子译为汉语的主动句有下列几种译法：

1. 原句主语仍译为主语

英语中的被动句在汉译过程中，仍将原文句子中的主语译为译文中的主语一般有以下三种情况：

（1）当英语被动句中的主语是无生命的名词，又没有出现由介词 by 引导的动作发出者时，汉译时可以不改变句子的结构，直接译成汉语的主动句，原句的主语在译文中仍为主语。这种把被动语态直接译成汉语主动语态的句子，实际是省略了“被”字的被动句。例如：

1) Instrument transformers are installed on the high-voltage equipment.

互感器安装在高压设备上。

2) The output state of the relay will be with its contacts closed, called trip, or with its contacts open, called block or block to trip.

接触器闭合时，继电器的输出状态称为“解扣”，而接触器打开时称作“封锁”或“解扣封锁”。

3) High-Speed Permanent Magnet Synchronous Motor (HS-PMSM) has obvious advantages of high-speed, high-power density and fast dynamic response speed. It has been widely used in machine tool spindles, air compressors, vacuum pumps, distributed power generation and flywheels energy storage and other fields.

高速永磁同步电机(High-Speed Permanent Magnet Synchronous Motor, HS-PMSM)具有转速高、功率密度高和动态响应速度快等显著优点,广泛应用于机床主轴、空气压缩机、真空泵、分布式发电和飞轮储能等领域。

4) The testing of a cross-field generator will be described in this section with chief reference to the tests that are normally taken on every machine before it leaves the makers works.

正交磁场发电机的试验将在本节中叙述,它主要涉及每台电机在离开制造厂前应进行的试验。

5) As the renewable energy is increasingly becoming a hot research topic, the high step-up converter is also widely employed as an interface in many industry applications, such as fuel cell system, photovoltaic system, electric vehicles, and so on.

随着可再生能源日渐成为研究热点,高增益变换器在许多工业应用中作为接口使用,比如燃料电池系统、光伏系统和电动车系统等中均有应用。

6) Among them, the Y-source network is more versatile and can in fact be viewed as the generic network, from which the T-source, and Trans-Z-source networks are derived.

其中,Y 源网络更加通用,实际上可以看作是从 T 源和 Trans-Z 源网络推导出的广义网络。

7) Electrical energy can be stored in two metal plates separated by an insulation medium.

电能可以储存在被一绝缘介质隔开的两块金属板中。

(2) 有些英语被动句,汉译时可以不改变主语及句子结构,译为带表语的主动句,这实际上就是汉语的“是”字结构的判断句。例如:

1) Electric power is generated in power generating stations or plants.

电能是在发电站或发电厂产生的。

2）The voltage is not controlled in that way.

电压不是用那样的方法控制的。

3）Resistance is measured in Ohms.

电阻是由欧姆来度量的。

（3）为了使译文符合汉语的表达习惯，有时也可以把表示被动语态的谓语动词译为汉语句子中的主语，而将英语被动句的主语转换成汉语句子中的定语。例如：

1）Resistance is measured in ohms.

电阻的测量单位是欧姆。

2）Capacitance is measured in farads.

电容的测量单位是法拉。

2. 原句主语译为宾语

将英语句子中的主语译为汉语中的宾语，而把行为主体或相当于行为主体的介词宾语译成汉语中的主语，常用的方法有四种：

（1）如果被动句中由 by 引出动作的发出者，为了突出动作的发出者，可采用颠倒顺序的译法，将 by 结构引导的部分译成汉语句子的主语（有时可以是动宾结构的短语作主语），同时将原文中的主语转译为宾语，从而将英语的被动句译为汉语的主动句。例如：

1）The problem was solved by adding a capacitor.

增加一个电容器解决了这个问题。（动宾结构作主语）

2）The turn-on time, can be significantly reduced by increasing the rate and magnitude of the base current, given by the delay and rise times.

从延迟时间和上升时间可以看出，加大基电流的比率和幅值可以大幅降低导通时间。

3）However, very soon the disk was replaced by inverted cup, i. e. hollow cylinder and the new relay obtained was known as an induction cup or induction cylinder relay.

然而，倒置杯，即空心圆筒很快取代了圆盘，得到的新继电器被称为感应杯或感应圆筒继电器。

（2）如果被动句中未包含动作的发出者，译成主动句时可以从逻辑出发，适当增加不确定的逻辑主语，如“人们”“有人”“大家”“我们”等泛指人称的代词，作句子的主语，同时将英语句子的主语译成汉语句子的宾语，从而将整个句子译为汉语的主动句。例如：

1）When the voltage and the current do not reach maximum and zero at the same time, they are said to be out of phase.

当电压和电流不是同时达到最大值和零时，我们说它们不同相。

2）Such a device is called a capacitor, and its ability to store electrical energy is termed capacitance.

人们称这样的装置为电容器，称其储存电能的能力为电容。

（3）英语被动句中一些作地点状语、方式状语等的介词短语，其介词后的名词常常可译为汉语句子的主语（其中引导名词的介词常常省略不译），而原句子中的主语译为汉语句子的宾语，从而将整个句子译为汉语的主动句。例如：

1）Three-phase current should be used for large industrial equipments.

大型工业设备应采用三相电流。

整个句子是被动语态结构，译文把介词短语 for large industrial equipments 中的名词词组译成句子的主语，使译文更通顺。

2）The surface charge can be easily accumulated on the insulation surface under the high electric field application.

在高场强作用下，绝缘材料的表面容易积聚表面电荷。

原文中介词短语 on the insulation surface 作状语，将其中的名词词组 the insulation surface 变为译文句子中的主语，这样表达更加通顺。

3）If possible, the open-loop control approach should be used in this system.

可能的话，这个系统应该使用开环控制方法。

例 3）同例 2）一样，将介词短语中的名词词组 this system 译为句子中的主语，使译文表达更通顺。

翻译这类句子时，其体现被动语态的动词的翻译要根据具体情况来译，有时可译为“有”。例如：

Radioactivity is found on both sides of the failure plane in all cases.

在所有情况下，破坏面的两侧都有放射性。

（4）当英语的被动句中含有动词不定式时，一般可将原句中的主语和谓语合译为动宾结构短语作译文句子的主语（这时原句的主语转译为动宾结构短语中的宾语），并将动词不定式转译为译文句子的谓语，从而将整个句子译为汉语的主动句。例如：

In addition, the diode-capacitor circuit is introduced to not only recycle the leakage energy to the output, but also further lift the voltage conversion gain.

另外，引入二极管电容电路不仅可以将漏感能量转移到输出侧，而且可以进一步提升电压转换率。

（二）译为无主句

在英语中，当作者不知道、不想说，或不必说出施动者时，便使用受动者作主语。英语句子必须有主语，但汉语句子有时却可以没有主语。因此，在英语被动句的翻译中，如果原句不含动作的发出者，而且表示存在、观点和态度等意义时，常可以译成汉语的无主句。也就是把原文的“受动者＋动词＋（省略施动者）”变为“（省略施动者）＋动词＋受动者”的顺序。

尤其在科技英语中，大量使用被动语态来描述科学事实、科学过程和科学理论，汉译时，为了更好地反映科技英语的这一特点，并使译文符合汉语的表达习惯，故经常将英语中含有被动语态的句子译为汉语的无主句。例如：

1）The resistance can be determined provided that the voltage and current are known.

只要知道电压和电流，就能测定电阻。

2）Taking the bidirectional interface converter in an unbalanced condition at the AC side as research object, a mathematical model was established for the bidirectional converter, and power characteristics were analyzed.

以交流侧不平衡状况下的双向接口变换器为研究对象，建立了双向变换器的数学模型，并对功率特性进行了分析。

3）In view of spectrum leakage existing in the conventional analysis of substation loss, a study of substation loss based on big data analysis was proposed in this paper.

在变电站损耗分析中，针对常规分析方法存在频谱泄漏情况，提出基于大数据分析的变电站损耗分析研究。

4）Because of the development of heavy industry and the increase of large power equipment, more intensive percussive load is formed in power network and influences stability of power system seriously.

由于重型工业企业的发展及大型用电设备的不断增多，对电网形成了越来越强烈的冲击负荷，严重影响电力系统的稳定性。

英语被动句译为无主句时，如果原句中有作地点状语、方式状语等的介词短语，常常可以放在句首。例如：

1）A higher transmission voltage can be economically employed in a particular case.

在具体情况下经济上可采用更高的输电电压。

2）Problems are also encountered in connections between underground lines and substations.

在地下电缆线路与变电站连接时同样碰到问题。

3）The signal should be filtered before being amplified.

放大信号前，应先对其进行滤波。

（三）译为被动句

如果要着重强调被动的动作，英语的被动句也可以直译为汉语的被动句。翻译时可通过增加汉语中一些表达被动语态的词语来体现译文的被动意义。如：被、遭、经过、给、加以、用……来、为……所、由……、受到等。

1. 译为“被”

例如：

1）The electricity supply has been cut off at the mains.

电的供应在电源处被切断。

2）This information will be encoded in a radio signal and beamed to the units buried in the road.

这一信息被译为无线电信号，发射给埋在道路下的电子装置。

3）The positive ions and negative electrons are transported to alternate sides of a chloroplast membrane.

正离子和负电子分别被输送到叶绿体膜的两侧。

2. 增译“由”

例如：

1）Indeed, it is possible that electrons are made of nothing but negative charges.

的确，电子可能只由负电荷构成。

2）The transistor was created by three Bell scientist, Shockley, Brattain and Bardeen.

晶体管由三位贝尔实验室的科学家发明，肖克利、布拉顿和巴丁。

3) Auxiliary drives are usually powered by electric motors, with the large feed pumps and some fan drives powered by mechanical-driven turbines.

辅助驱动器通常由电动机提供动力，大型给水泵和某些风机由机械驱动的汽轮机作动力。

4) Magnetic fields are produced by electric currents, which can be macroscopic currents in wires, or microscopic currents associated with electrons in atomic orbits.

电磁场可以由流过导线的宏观电流产生，或者可以由在原子轨道上的电子运动引起微观电流产生。

3. 增译“用”

例如：

1) His equipment is made from flat pieces of copper and aluminum arranged so that electricity can go through them.

他的设备是用铜片和铝片制成的，这样电流就可以通过了。

2) Electricity can be measured in amount and quality.

电可以用数量和质量来度量。

3) The strength of an electric current can be measured by the rate at which it flows through a wire.

电流强度可以用电流流过导线的速率来测定。

4. 增译“靠”“通过”“以”

例如：

1) The electricity line is fed with power through an underground cable.

这条电线的电源是通过地下电缆传输的。

2) The terminals of the source and load are interconnected by conductors (generally but not always wires).

电源和负载的终端以导体互相连接，通常这种导体是导线，但少数情况下也有例外。

5. 增译“加以”“予以”“得到”

例如：

Microwave circuits (e.g., couplers, amplifiers, oscillators, etc.) were intensively developed during the World War Ⅱ to meet the pressing military demands of radar in particular.

微波电路(如耦合器、放大器、振荡器等)在第二次世界大战期间得到了集约化发展,以满足对军事雷达的迫切需求。

6. 增译"为……所""之所以"

例如:

1) The power is dissipated by the resistance.

功率为电阻所消耗。

2) A chart is more likely apprehended than a rule.

图表比定律更容易为人们所理解。

3) These blisters were caused by gas bubbles generated during electrophoresis.

这些气孔是电泳过程中产生的气泡所引起的。

(四) 译为"把"字句

所谓的"把"字句是汉语独有的一种句型,在翻译有些英语的被动句(无论有无 by 引导的短语)时,可将汉语的"把"字句放在原文句子的主语之前,即将原英语被动句的主语转译为"把"字的宾语,并将整个句子翻译为汉语的"把"字句。"把"字句一般有两种译法:

1. 译为无主语的"把"字句

在原文句子的主语前增加"把"字,使其变成"把"字的宾语,整个汉语句子没有主语。例如:

If a molecule of net charge q is placed in an electric field, a force F is exerted upon it.

若把静电电荷 q 的分子放入电场,则有一个力 F 作用于其上。

2. 译为有主语的"把"字句

如果原文句子是由 by 引导的被动句,通常可以将 by 后面的名词翻译为整个句子的主语,同时省译介词 by。例如:

1) A device combining radiative cooling with solar absorption technology was installed onto the new machine by researchers from the Electric Power Research Institute.

美国电力科学研究院的研究人员把一种结合辐射冷却和太阳能吸收技术的装置安装在新机器上。

2) Motors used for ship propulsion are exposed to salty atmospheric moisture with air humidity exceeding 90% by experimenters to examine the

vulnerability to salty mist and the penetration of corrosion.

实验人员把船舶推进电机暴露在含盐雾且空气湿度超过90%的大气中，以检测其耐盐雾性和腐蚀穿透的深度。

（五）it作形式主语的被动句的译法

英语中有些被动句是用it作形式主语的，翻译这种被动句时，通常要处理成主动形式。一般有两种译法：

1. 译为无主句

将it作形式主语的被动句译为无主句时，通常可以遵循汉语中约定俗成的表达方式(见表3-1)。

表3-1　it作形式主语的被动句译为无主句

常见结构	常见译法
it is hoped that	希望……
it is reported that	据报道……
it is said that	据说……
it is supposed that	据推测……
it is observed that	据观察……
it must be pointed out that	必须指出……
it must be realized that	必须认识到……
it will be seen from this that	由此可见……
it has been mentioned above that	前面已经提到……

例如：

1) It has been observed that for a long time it was incorrectly believed that current flowed from positive to negative.

据观察，在很长一段时间里，人们错误地认为电流是从正极流向负极的。

2) However, it must be realized that high transmission voltage results in the increased cost of transformers, switchgears and other apparatus.

然而，必须认识到，高传输电压导致变压器、开关设备和其他设备的成本增加。

3) It has been mentioned above that the electrons in a metal are able to move freely through the metal, that their motion constitutes an electric

current in the metal and that they play an important part in conduction of heat.

前面已经提到：金属中的电子能自由地通过金属；电子的移动在金属中形成了电流；电子在热传导中起着重要的作用。

2. 增译主语

增译主语指在汉语译文中增加泛指的主语，如“人们”“有人”“大家”“我们”等。

表 3-2 it 作形式主语的被动句增译主语

常见结构	常见译法
it is asserted that	有人主张……
it is believed that	有人认为……
it is generally considered that	大家(一般人)认为……
it is known that	人们知道……
it is well known that	众所周知(大家知道)……
it will be said	有人会说……
it was said	有人曾说……
it was discovered that	人们发现……

例如：

1) It has long been known as a source of unusually strong radio signals.

人们早就知道那是一个异常强大的射电信号源。

2) In the United States the customary voltage for household use has become 110-120 V since it was discovered that higher voltages could cause fatal accidents.

在美国，家庭使用的常用电压已经变成 110～120 伏特，因为人们发现较高的电压会导致致命的事故。

第三节 篇章翻译技巧

一、衔接与连贯

在语篇层面上，衔接与连贯是最为重要的两个概念，是谋句成篇的重要手段,使得句子构成了语义上互相连贯、紧密一体的篇章单位。衔接是篇章的有形连接,体现于篇章的表层结构上,一般有五种手段:照应、替代、省略、连接和词汇手段。连贯则是篇章的无形或者隐性连接,是语篇中潜藏于表层之下的无形语义网络,依赖文本同语言之外概念和关系的关联而形成,建立在语篇使用者与文本互动关系上,与语篇使用者的认知图式相关。可以说,衔接是文本内部的显性连接,而连贯则是文本与外部的隐性关联。

英语和汉语都注重在语篇层面上的衔接与连贯,虽有很多相似之处,但同时由于有着不同的思维方式和语言结构,因此所运用的手段和实现的方式有所不同。如在衔接方面,英语多使用照应、替代的手段,而汉语则常用省略和词汇手段。在翻译中,需要进行一定的转换,以达到相似的效果。如果默认英、汉语之间的语篇衔接、连贯机制一致,按照源语的机制来进行翻译,则会破坏译入语语篇表意的内在规律。这在翻译科技文本时尤需注意。

科技文体"不追求语言的艺术性 ,而把适切性、准确性、客观性、逻辑性、严密性、连贯性、简明性和规格性作为它的基本特征"(袁崇章,1987:68)。其中的逻辑性和连贯性就和衔接与连贯有关,逻辑性要求其"前因后果,起承转合,有如一叶在掌,见其脉络"(袁崇章,1987:70),而连贯性则要求"前后照应,环环相扣"(袁崇章,1987:72)。因此,在翻译科技语篇时要重视衔接与连贯在译语中的实现,适当运用一些方法和技巧。

(一)衔接与翻译

虽然英、汉语运用的衔接手段有一定的相似之处,但在具体手段的使用频率上有一定的差异,总的来说,英语多使用照应、替代手段,而汉语则常用省略和词汇手段来实现,尤其是词语的反复使用。在英译汉的时候,就需要灵活运用转换、省略等翻译策略,最终在译入语中达到相应的效果。例如:

1) The central idea is the use of power electronic (switching) converters for controlling the electric energy flows within power structures. This association, between power structures and converters, has led to a new electrical power context in which the former has become more diversified, more flexible and more efficient. This situation has been accelerated by the powerful combination of microprocessor-based control devices and high-quality switching devices and by the significant improvement of power handling capabilities and of output power quality.

其核心是采用电力电子(开关)变换器来控制功率结构内的电能流动。功率结构和变换器之间产生联系，生成了新的电力环境，使功率结构变得更加多样、灵活、高效。加上配备微处理器的控制设备和高品质的开关设备，另外功率处理能力和输出电能质量显著提高，均使得这种变化更快实现。

原文中主要是采用照应和替代的手段来达成衔接。一方面使用了指示代词 this 来形成指示照应，回指前述提到的内容，完成了句子间的衔接。另一方面也使用了 the former 形成名词性替代，与上文被替代的 power structure 一起构成了句子间的衔接关系。而汉语重意合，依靠内在意义来达成衔接，很少用代词，也少用这种替代性词汇。在翻译中，可以省略代词，或者运用词汇来转换，从而实现衔接。翻译 this association 时省去了代词 this，依靠前后文中构成 association 关系的"功率结构"和"变换器"来前后衔接。翻译 this situation 时也省略了 this，同时 situation 翻译为"变化"，与前面"使功率结构变得……"中的"变"这个词汇来构成衔接。另外替代性名词 the former 则翻译为其实指的"功率结构"，依靠词汇的复现来达成衔接。

2) When stability must be ensured by a supplementary degree of freedom in the control law, frequency-domain techniques such as loop shaping may be useful. Pole-placement method is useful for conveniently place the closed-loop eigenvalues when full-state feedback information is available. This method is usually employed in conjunction with an outer control loop that guarantees the fulfillment of the main operating goal. In the case of high-order plants, the root locus method provides a powerful tool for deriving controllers that ensure robust closed-loop behavior. Prediction-based methods (e. g. , internal model control) are suitable for dealing with converter models having right-half-plane zeros.

当系统稳定性必须通过外加控制自由度来保证时，频域技术如回路成形方法可能是有用的。当可获取系统全状态反馈信息时，极点配置方法因为可以方便配置闭环特征值而变得非常有用。通常极点配置方法会结合外控制环路使用，由外环来保证主要控制目标的实现。被控对象阶数较高的情况下，根轨迹方法提供推导控制器的强有力的工具，可以确保闭环行为的鲁棒性。基于预测的方法(例如，内模控制)则适用于处理具有右半平面零点的变换器模型。

这段文字主要介绍了不同情况下不同的适用方法。在介绍前两种方法时，由于英文中常避免重复，因此原文运用了两个近义词 technique 和 method 来实现衔接，而中文常用同一词汇反复来实现衔接，因此将其都翻译为"方法"。而第三句中 this method 是运用指示代词来回指 pole-placement method 形成照应,但如果直接翻译为"这种方法",则无法区分是前两种中的哪一种方法,原文中的照应无法实现。因此,译文中明确指代的"极点配置方法",运用词汇来构成回指,实现衔接。

(二)连贯与翻译

由上文可以看出,衔接属于篇章的显性特征,在形式上可以判断出来,多解决前后句子之间的连接问题,使其互相粘合。而连贯则关涉读者的期待和认知特点,不一定会有明显的形式标记,与意义更为相关。如果文本符合读者的期待和认知,则会产生连贯,使得读者理解语篇所要表达的意义,反之则会妨碍读者对意义的理解。索恩伯里(Thornbury,2005)(*Beyond the Sentence: Introducing Discourse Analysis*)提出连贯可以从微观和宏观两个层面来实现:微观层面的连贯主要指的是句子之间的连贯,可以通过"已知信息+新信息"的信息结构来实现;而宏观层面的连贯则着眼于篇章的整体,指的是话题连贯,可以通过话题词汇、篇章结构安排等方式来实现。

在科技语篇中,由于多数是专业文章,针对的也是专业人士,因此微观层面的连贯一般都很容易达成,在翻译中不需要有多少调整。而由于汉语和英语的话题推进方式不同,宏观层面的连贯在翻译中需要进行一定的调整。例如:

1) There are numerous semiconductor switches available for DC-to-DC conversion circuits. The selection of switching devices depends on both how well the existing devices perform and what the application circuits require. In many DC-to-DC conversion circuits, MOSFETs are commonly used for active switches because of their fast-switching characteristics compared with other alternatives. For passive switches, fast recovery diodes or Schottky diodes are used due to their excellent switching characteristics.

原译:有许多半导体开关可用于 DC-DC 变换电路。开关器件的选择取决于现有器件的性能和应用电路的要求。在许多 DC-DC 变换电路中,与其他替代方案相比,MOSFETs 通常用于有源开关,因为它们具有快速的开关特性。由于其优异的开关特性,无源开关使用快速恢复二极管或肖特基二极管。

上文是围绕 DC-DC 变换电路的半导体开关这个主题来展开的,话题推进的构成为:半导体开关很多—选择的条件—MOSFETs 的特点和选择—快速恢复二极管或肖特基二极管的特点和选择。其中,最后两句是第二句的具体化,进一步说明由于不同的半导体开关有不同的性能,因此选择用于做不同的开关。在英语句子中主语突出的结构较多，因此条件有时会放在后面，而汉语中，一般条件放在前面，结果放在后面。如果按照英语的句子结构来进行翻译，则会不符合汉语读者的认知习惯，因此翻译时需要进行调整。另外，英语句子中主语突出的结构较多，而汉语句子中主题突出结构较多，在翻译中也需要进行调整，在汉语中保持主题的连贯，比如第一句就有这样的必要。因此，改译如下：

改译：对于 DC-DC 变换电路，可以用许多半导体开关，而开关器件的选择取决于现有器件的性能和引用电路的要求。在许多 DC-DC 变化电路中，与其他替代方案相比，MOSFETs 因为具有快速的开关特性，通常用于有源开关，而快速恢复二极管或肖特基二极管具有优异的开关特性，因此用作无源开关。

2） A DC-to-DC converter employs semiconductor devices, reactive components such as inductors and capacitors, and transformers in the power stage; in contrast, the power stage never contains any resistive component in order to avoid power loss. The semiconductor devices are employed as the switches that losslessly alternate on-state and off-state at very high frequency, up to several MHz range in some applications. Due to this switching action, all the power stage components are subjected to periodic voltage and current excitations. The switching action and periodic operation are the characteristic features of the power stage components employed in DC-to-DC converters. Circuit analysis skills beyond the standard linear circuit theory are required for understanding the operations of the power stage components under periodic switching operations.

原译：DC-DC 变换器在功率级中采用半导体器件，诸如电感器和电容器的无功元件和变压器；相反，功率级不会包含任何电阻元件以避免功率损耗。半导体器件被用作开关，以非常高的频率无损地在导通状态和截止状态间切换，在某些应用中频率高达几兆赫兹。由于这种开关动作，所有功率级元器件都受到周期性的电压和电流激励。开关动作和周期性操作是应用于 DC-DC 变换器中的功率级元器件的特征，需要进行超出标准线性电路理论的电路分析，了解周期性开关动作下功率级元器件的工作。

这段文字与例 1）相比更为复杂，主要围绕 DC-DC 变换器的功率级元器件这个主题展开，是按照话题逐渐推进的方式构成陈述的：变换器的功率级元器件的组成—半导体器件切换特点—其他元器件所受影响—功率级元器件特点一相应电路分析方法。英语的句子总体而言多是主语突出的结构，主题并不突出，且这样的结构多会将新信息作为主语放在前面。而汉语的句子则是主题突出的结构较多。如果按照英文的结构特点翻译，则会得到上面的译文，焦点在不停地变化，且新信息总是先出现，旧信息在后面，这样不符合中文读者的认知习惯，使得读者抓不住这段论述的主题。因此，在翻译的过程中，需要将主题凸显，使其符合中文读者的认知习惯。另外，原文中 in contrast 并不是表示相反的情形，而是相对的意思，表示相对于前面提到的元器件，不会采用电阻元件。因此，改译如下：

改译：DC-DC 变换器在功率级中采用半导体器件，无功元件（如电感器和电容器）和变压器；另外，为避免功率损耗，功率级不包含任何电阻元件。如果半导体器件用作开关，则会以非常高的频率在导通状态和截止状态间切换，在某些应用中频率可以高达几兆赫兹，不会造成任何损耗。由于这种切换，所有功率级元器件都受到周期性的电压和电流激励的影响。对于应用于 DC-DC 变换器中的功率级元器件来说，切换和周期性活动是典型性特征。而为了解周期性切换活动中功率级元器件的工作情况，需要进行超出标准线性电路理论的电路分析。

二、变译

在翻译中，由于英汉两种语言和文化的不同、读者的阅读和认知特点的不同，对原作的变译即变通是非常有必要的。变译是为了更好地传达原作的信息，最终实现沟通的目的。这种变译存在于语言的各个层面，无论是句子层面，还是篇章层面都有这种变译。黄忠廉（2002：96）将翻译中的变译即变通定义为："译者根据特定条件下特定读者的特殊需求，采用增、减、编、述、缩、并、改等变通手段摄取原作有关内容的翻译活动。"而由于科技文献翻译中对于信息完整性要求很高，因此减、述、缩、改这四种手段用得较少，但会用到增、编、并这三种手段。黄忠廉对这几种手段都有详细的描述，以下作概要介绍，并进而举例说明。

（一）增

在变译中，"增"有三种方式：释、评、写。黄忠廉（2002：110-112）对每种方式进行了详细说明："释"是在译文中对原作某些内容的解释，主要针对原作中出现译语读者不了解，会对其造成理解障碍的内容；"评"涉及对所译内容的批评或议论；"写"指在译文中添加与所译部分相关的内容，达到铺垫、补充、承上启下的效果。这三种方式中，科技语篇翻译一般不会运用“评”这种方式，其他两种可能会涉及，以下面句子的翻译为例，来看一下在科技语篇的翻译中什么时候需要增、如何增。例如：

An LCL-type grid-connected inverter is an important power conversion interface in modern power distribution systems. The LCL filter has superior harmonic attenuation capability, but it exhibits an inherent resonance peak, and its corresponding phase steps down and passes through −180° at the LCL resonance frequency f. With analog control, this −180° crossing is negative, leading to system instability.

原译：LCL 型并网逆变器是现代配电系统中的重要功率转换接口。LCL 滤波器具有出色的谐波衰减能力，但它表现出固有的谐振峰，并且其相应的相位下降，并在 LCL 谐振频率 f 处通过−180°。使用模拟控制时，该−180°交叉为负，导致系统不稳定。

原文所在的语篇是论述解决并网逆变器在电网阻抗变化下不稳定的问题，这段文字是语篇的开头，提出了导致系统不稳定的原因所在，起到了引出问题的作用。但是，原文默认读者了解 LCL 滤波器特点会导致系统不稳定，所以没有将该后果明确提出，导致翻译过来感觉语义不够明晰，也使得句子之间的连贯性不够，似乎每句话都在各自进行论述。因此，需要增加一些必要信息，以便读者能够更快抓住主旨。此外，还有一些细微的地方也需要增加一些信息，使得语义更加明晰易懂。变译如下：

变译：LCL 型并网逆变器是现代配电系统中的重要功率转换接口。其中，LCL 滤波器具有更优的高频谐波衰减性，滤波效果更佳，但存在着高频谐振，需考虑谐振抑制问题，并且相应的相位下降，其在谐振频率 f 处的相位穿越−180°线，会造成稳定控制困难。使用模拟控制时，该−180°线交叉为负，造成系统失稳。

增译的理由如下：① 增加“其中”，表明“LCL 滤波器”为“LCL 型并网逆变器”的组件之一，达成承上启下的效果；② “出色的谐波衰减能力”对于滤波器来说就代表着滤波效果更好，应该补充“滤波效果更佳”，利于读者理解；③ 根据学科规范，描述滤波器的滤波效果必须给出频段，不能笼统地说滤波效果好，应该强调低频、中频或高频的滤波效果，因此在前面补充“高频”；④ 根据上下文，“存在高频谐振”是不利因素，因此补充其引发的问题，跟后面系统稳定问题相呼应；⑤ 根据−180°可知，这里采用了稳定判据，穿越−180°表示穿越了稳定判据线，因此应补充“线”；⑥ 穿越了稳定判据线的后果是滤波器系统失效，应该补充“会造成稳定控制困难”，作为铺垫，这样后面一句中“造成系统失稳”就能够便于理解。

（二）编

“编”是将原作内容条理化、有序化，使其主旨更加鲜明（黄忠廉，2002：115）。英、汉语在组织结构上有较大的不同，英语重形合，主要借助句法手段、词汇手段等有形的连接手段来实现句子连接和语篇内部连接，表达逻辑关系，其逻辑顺序与语序之间不存在对应关系，因此句序较为灵活。而汉语重意合，不借助形式手段，主要借助语义手段来实现语篇内部的连接，句子按照事物发展的时间顺序、逻辑事理顺序来安排，层层推进，因此句序较为固定。在英汉互译时，需要按照译入语的规律来重新安排，以符合读者的认知习惯。例如：

The reduced-order averaged model (denoted here by ROAM) presented by Chetty (1982) gave the solution to the problem that arose from modeling DC-DC power stages operating in discontinuous-conduction mode (where the classical averaging method failed). The principle of ROAM is to eliminate the incriminated variable and replace it by a function of other state variables; hence, a reduced-order model is obtained. This modeling framework has been further extended. The effect of algebraically linking two variables has been encountered for DC-DC converters controlled in (peak) current programmed mode.

原译：切蒂（Chetty，1982）提出的降阶平均模型（reduced-order averaged model，ROAM）解决了处于工作断续模式的 DC-DC 功率建模出现的问题（在这个模式 F 经典平均方法无法完成建模）。ROAM 的原则是去除问题变量，用其他状态变量的函数替换；因此得到了一个降阶模型。一些学者进一步拓展了该建模框架。对于受控于（峰值）电流可编程模式的 DC-DC 变换器时，就采用了两个变量的代数组合。

这段文字描述了 ROAM 模式解决的问题及对该模式的拓展，其中心话题是围绕 ROAM 模式而展开的。英文中开篇即提出该模式，运用从句对该模式所要解决的问题进行详述，运用有形句法手段凸显其逻辑关系；后面第二句又以 the principle of ROAM 为主语展开论述，借助词汇与第一句形式相呼应，形成连贯的整体。但是在汉语中，论述是需要按照逻辑顺序层层推进的，要通过语序来显示出来。在汉语中，一般是先提出问题，再给出解决方案，重心在后。

故调整原文的语序，变译如下：

变译：当 DC-DC 功率电路工作处于断续模式时，经典平均方法便无法对电路进行正确建模。针对这个问题，由切蒂(Chetty，1982)提出的降阶平均模型(reduced-order averaged model，ROAM)给出了解决方案。ROAM 的原则是用其他状态变量的函数替换问题变量，从而获得降阶模型。一些学者进一步拓展了该建模框架，在分析受控于(峰值)电流的可编程模式 DC-DC 变换器时，就采用了两个变量的代数组合。

通过这样的调整，实现了先提出问题，再提出 ROAM 模型为解决方案，符合汉语的语序表达逻辑的规律。同时在译文中第二句提出 ROAM 模型，第三句紧接着对 ROAM 进行描述，也使得在汉语中连贯性更好，易于读者理解。此外，译文还将最后两句合并为一句，属于变译中"并"的手段。这样调整的原因主要是最后一句是前一句的具体举例和说明，这样合并使得语义更加凝练，结构更为紧凑。

(三) 并

"并"是将原作中同类或有逻辑关系的部分合并到一起，使得结构更加凝练、紧凑(黄忠廉，2002：121)。之所以需要合并，究其根本，还是由于英语和汉语的篇章结构以及衔接、连贯手段不同。在汉语中，句读起着比较重要的作用，"汉语句子的实际形态却是以句读段的散点铺排追随逻辑事理的发展，从而完成特定的表达功能的"(申小龙，1992：79)。汉语的句读段前后紧密相连，按照逻辑事理铺排，从而形成了竹节式的句式，句号一般表示较为完整的意义的完成。而英语则是以完整的主谓结构为一句话，句号并不一定代表结束了完整的意义，往往会依靠语法或者词汇手段来与其他句子构成衔接和连贯，从而完成意义的完整表达。这种情况下，英语中一些逻辑关系较为紧密的句子在翻译为汉语时，就需要遵循汉语的语篇结构，合并为一句话来完成意义的完整表达。如下面这个例子：

The basic operation of the three-phase voltage inverter in its simplest form can be understood by considering the inverter as being made up of six mechanical switches. While it is possible to energize the load by having only two switches closed in sequence at one time (resulting in the possibility of one phase current being zero at instances in a switching cycle), it is now accepted that it is preferable to have one switch in each phase leg closed at any instant. This ensures that all phases will conduct current under any power factor condition.

原译:为了能够理解最简单形式的三相电压逆变器的基本工作方式,可以将逆变器当作六个机械开关构成的器件。虽然在同一时刻只要有两个开关按次序导通,就可以向负载传递能量(导致某一相的电流在一个开关周期内的某一时刻为零),但目前认为在任一时刻最好每相桥臂有一个开关是导通的。这样可以保证在任何功率因素条件下所有相都有电流通过。

这段文字描述了三相电压逆变器的开关导通,原文第二句是说明虽然可以两个开关轮流导通,但通常做法是每相都须有开关导通,第三句说明这样做的理由或目的。因此,第二句和第三句是逻辑紧密相关的两句,在中文中可以合并为一句。另外,第二句中括号里的文字是说明两个开关轮流导通的情况下会产生的问题,这与最后一句又相互呼应,也是保证每相都有开关导通的原因所在,因此在翻译中,将括号去掉,融入文中,使得逻辑随着语序层层推进,形成完整的语义链:同一时刻只需保证两个开关按序导通—但会导致某一项电流为零—通用做法是每相桥臂须有一个开关导通—保证所有相的电流通过。因此,变译如下:

变译:为了能够理解最简单形式的三相电压逆变器的基本工作方式,我们将逆变器当作由六个机械开关构成的器件。在同一时刻只要有两个开关按次序导通,就可以向负载传递能量,但这可能导致某一相的电流在一个开关周期内的某一时刻为零,于是我们允许在任意时刻最好每相桥臂有一开关器件是导通的,这样可以保证在任何功率因数条件下所有相都有电流流过。

第四章 综合练习

请将以下段落译成中文

1. The voltage drop (i.e., difference between voltages on one side of the resistor and the other), not the voltage itself, provides the driving force pushing current through a resistor. In hydraulics, it is similar: The pressure difference between two sides of a pipe, not the pressure itself, determines the flow through it. For example, there may be a large water pressure above the pipe, which tries to push water down through the pipe. But there may be an equally large water pressure below the pipe, which tries to push water back up through the pipe. If these pressures are equal, no water flows.

The resistance and conductance of a wire, resistor, or other element are mostly determined by two properties: geometry(shape), and material.

Geometry is important because it is more difficult to push water through a long, narrow pipe than a wide, short pipe. In the same way, a long, thin copper wire has higher resistance (lower conductance) than a short, thick copper wire.

Materials are important as well. A pipe filled with hair restricts the flow of water more than the clean pipe of the same shape and size. Similarly, electrons can flow freely and easily through copper wire, but cannot flow as easily through a steel wire of the same shape and size, and they essentially cannot flow at all through an insulator like rubber, regardless of its shape. The difference between copper, steel, and rubber is related to their microscopic structure and electron configuration, and is quantified by a property called resistivity.

2. Along with an increasing number of power station accesses and

continuous expansion of the scale of real-time data, the existing data acquisition system is faced with such problems as increasing data acquisition pressure and difficult guarantee of real-time performance and reliability. Thus, a service-oriented distributed data acquisition system architecture was proposed for remote centralized control of hydropower stations. Relying on distributed processing technologies including data fragmentation and mutual backup through data crossing-redundancy, the real-time data sent to the monitoring system of the centralized control center was collected in fragments, and data acquisition results were written into data service to realize the function of data as service. In this way, distributed data acquisition was realized through coordination of multiple computers, and problems of poor reliability, strong correlation, inadequate data throughput capacity and difficult expansion in data acquisition of the remote centralized control system for hydropower stations were resolved. A distributed data acquisition system was developed based on the proposed architecture, and the results of its actual operation indicated that the system could effectively break through the performance bottleneck of the existing data acquisition system and meet the development needs of future smart hydropower stations.

3. Considering loss of high power in case of DC blocking fault occurring after UHV injection, a method for compensation of high power vacancy under standby auxiliary services and for optimized scheduling of unit combination was presented in this paper. Simulation examples verified that the unit combination cost was reduced greatly with the participation of standby auxiliary service. The results indicated that the proposed approach could be of great significance to the optimization of power economic dispatch. In the meantime, it was also important for the enhancement of the initiative of power plants to provide auxiliary services and for the promotion of balanced and coordinated supply of main energy and auxiliary services.

4. An improved continuation flow method was proposed in view of the fact that the Jacobian matrix had to be reconstructed according to the initial

sate (last flow solution) for each iteration calculation and the estimated step size was difficult to choose when P-V curve was sought in the continuation flow method. Firstly, conventional flow calculation method (Newton-Raphson method) was replaced by rapid decomposition method for improvement and detailed deduction was made for the entire improvement process. Then, the static voltage stability limit point was obtained quickly in the secondary curve fitting method. The improvement method was applied to a wind power access system in Jiuquan. Simulation results showed that the improved continuation flow method greatly shortened calculation time while ensuring calculation accuracy and was suitable for online operation.

5. Suppression of bus voltage fluctuations of DC micro-grids is an important means for ensuring power quality. Under the precondition of full use of plug and play of distributed power supply as well as charge/discharge characteristics of the composite energy storage unit, a strategy for feed-forward control of the nonlinear disturbance observer at the converter DC/DC side was proposed, based on the traditional voltage and current closed-loop control strategy. The nonlinear disturbance observer was used to track load disturbance, and DC bus voltage fluctuation was suppressed through feed-forward control to ensure power quality. A control model was constructed by means of MATLAB/Simulink. Simulation results showed that, as compared with the traditional control strategy, the difference between DC bus voltage and preset reference voltage was reduced from two to three times, and DC bus fluctuation could be suppressed effectively. The correctness and validity of the proposed strategy were verified.

6. Power transmission congestion is an important factor in the electric power market environment which affects clearing price and fair competition among market principals. A method based on equipment inter-tripping was introduced for power transmission congestion management and section monitoring. By means of circuit breakers and isolating switches, operation of all equipment was secured in the normal state so as to maintain the reliability

level of the system in the normal state. In the faulty state, the line or main transformer was sent from the shunt tripping unit at the sending end to reduce over-power risk on weak branches and the grid load limit at the receiving end. The monitoring section was constructed in the distribution factor method to monitor overload risk of weak branches accurately after the failure. The presented approach was successfully applied to operation mode arrangement and operation control of an existing power grid in an area of the southern part of China. It raised the controllability of safe and stable sections and the reliability of power grid operation, and effectively reduced power transmission congestion.

7. The best projectiles for this purpose were found to be neutrons. Their mass enables them to pierce the shells of electrons, and their small size and electrical neutrality enables them to penetrate the nucleus itself. Once inside the nucleus, the intruding neutron may cause a restructuring and rearrangement of protons and neutrons without causing outward disturbance; in this case, the neutron is absorbed and an isotopic atom of the element is formed. But the intruding neutrons may alternatively disrupt the heavy nucleus, causing it to disintegrate into two or more parts which then become the atoms of two or more different elements; a transmutation of an element has occurred. When heavy atoms are split in this way, some loss of mass occurs and this loss of mass is converted into an equivalent quantity of energy according to Einstein's law $E=mc^2$ where c is the velocity of light.

8. What is an industrial bus? Traditionally, the industrial bus has been used to allow a central computer to communicate with a field device. The central computer was a mainframe or a MINI (PDP-11) and the field device could be a discreet device such as a flow meter, or temperature transmitter or a complex device such as a CNC cell or robot. As the cost of computing power came down, the industrial bus allowed computers to communicate with each other to coordinate industrial production. As with human languages, many ways were devised to allow the computers and devices to communicate and, as

with their human counterpart, most of the communications are incompatible with any of the other systems. The incompatibility can be broken into two categories: the physical layer and the protocol layer.

9. When it comes to protect data lines from electrical transients, surge suppression is often the first thing that leaps to mind. The concept of surge suppression is intuitive and there are a large variety of devices on the market to choose from. Models are available to protect everything from your computer to answering machine as well as those serial devices found in RS-232, RS-422 and RS-485 systems. Unfortunately, in most serial communications systems, surge suppression is not the best choice. The result of most storm and inductively induced surges is to cause a difference in ground potential between points in a communications system. The more physical area covered by the system, the more likely those differences in ground potential will exist.

10. The water analogy helps explain this. Instead of phenomenon water in a pipe, we'll think a little bigger and use waves on the ocean. Ask anyone what the elevation of the ocean is, and you will get an answer of zero—so common that we call it sea level. While the average ocean elevation is zero, we know that tides and waves can cause large short-term changes in the actual height of the water. This is very similar to earth ground. The effect of a large amount of current dumped into the earth can be visualized in the same way, as a wave propagating outwards from the origin. Until this energy dissipates, the voltage level of the earth will vary greatly between two locations.

11. Pulse modulation is a system of modulation in which the amplitude, duration, position, or mere presence of discrete pulses may be so controlled as to represent the message to be communicated. It is a set of techniques by which a sequence of information-carrying quantities occurring at discrete instances of time is encoded into a corresponding regular sequence of electromagnetic carrier pulses. Varying the amplitude, polarity, presence or absence, duration, or occurrence in time of the pulses gives rise to the four

basic forms of pulse modulation: pulse-amplitude modulation (PAM), pulse-code modulation (PCM), pulse-width modulation (PWM), also known as pulse-duration modulation (PDM) and pulse-position modulation (PPM). PAM, PWM, and PPM found significant applications early in the development of digital communications, largely in the domain of radio telemetry for remote monitoring and sensing. They have fallen into disuse in favor of PCM. Since the early 1960s, many of the world's telephone network providers have gradually, and by now almost completely, converted their transmission facilities to PCM technology. The bulk of these transmission systems use some form of time-division multiplexing, as exemplified by the 24-voice channel T1 carrier structure. These carrier systems are implemented over many types of transmission media, including twisted pairs of telephone wiring, coaxial cables, fiber-optic cables, and microwave.

12. An electric power system is a network of electrical components used to supply, transmit and use electric power. An example of an electric power system is the network that supplies a region's homes and industries with power—for sizable regions, this power system is known as the grid and can be broadly divided into the generators that supply the power, the transmission system that carries the power from the generating centers to the load centers and the distribution system that feeds the power to nearby homes and industries. Smaller power systems are also found in industries, hospitals, commercial buildings and homes. The majority of these systems rely upon three-phase AC power—the standard for large-scale power transmission and distribution across the modern world. Specialized power systems that do not always rely upon three-phase AC power are found in aircraft, electric rail systems, ocean liners and automobiles. Electric power is the mathematical product of two quantities: current and voltage. These two quantities can vary with respect to time (AC power) or can be kept at constant levels (DC power). Electricity grid systems connect multiple generators and loads operating at the same frequency and number of phases, the commonest being three-phase at 50 or 60Hz. However, there are other obvious considerations.

How much power should the generator be able to supply? What is an acceptable length of time for starting the generator (some generators can take hours to start)? Is the availability of the power source acceptable (some renewables are only available when the sun is shining or the wind is blowing)? From the concrete technology, how should the generator start (some turbines act like a motor to bring themselves up to speed in which case they need an appropriate starting circuit)? What is the mechanical speed of operation for the turbine and consequently what are the number of poles required? What type of generator is suitable (synchronous or asynchronous) and what type of rotor (squirrel-cage rotor, wound rotor, salient pole rotor or cylindrical rotor) is suitable?

13. Closed-loop systems are further distinguished by those with and those without self-regulation. In a system with self-regulation, after the sudden change in the input value, the output value assumes a constant value again after a period of time. Such systems are usually called proportional systems or P systems. Let us take the example of a heating zone: the input value is the electrical heating power, and the output value is the zone temperature. In a system which does not have self-regulation, the output value will rise or fall after the abrupt change in the input value. The output will only remain at a constant value if the input value is at zero. Such systems are usually called integral systems or I systems. An example of this is a level control in a container: the input value is the incoming flow, and the output value is the level of the liquid. Another important type of system is a system with dead time. In this case the input value appears at the output after the dead time delay. In a technical system the dead time is the result of the distance between setting and measuring locations. Example of a conveyor belt: the input value is the quantity of material at the beginning of the belt, and the output value is the measurement of the amount at the end of the belt. The dead time is calculated as the length of the belt divided by its speed, and it can therefore vary.

14. The transient following a system perturbation is oscillatory in nature; but if the system is stable, these oscillations will be damped toward a new quiescent operating condition. These oscillations, however, are reflected as fluctuations in the power flow over the transmission lines. If a certain line connecting two groups of machines undergoes excessive power fluctuations, it may be tripped out by its protective equipment thereby disconnecting the two groups of machines. This problem is termed the stability of the tie line, even though in reality it reflects the stability of the two groups of machines.

A statement declaring a power system to be "stable" is rather ambiguous unless the conditions under which this stability has been examined are clearly stated. This includes the operating conditions as well as the type of perturbation given to the system. The same thing can be said about tie-line stability. Since we are concerned here with the tripping of the line, the power fluctuation that can be tolerated depends on the initial operating condition of the system, including the line loading and the nature of the impacts to which it is subjected. These questions have become vitally important with the advent of large-scale interconnections. In fact, a severe (but improbable) disturbance that will cause instability can always be found. Therefore, the disturbances for which the system should be designed to maintain stability must be deliberately selected.

15. The temperature, pressure, humidity and wind velocity in our environment all change smoothly and continuously, and in many cases, slowly. Instruments that measure analog quantities usually have slow response and less than high accuracy. To maintain an accuracy of 0.1% or 1 part in 1000 is difficult with an analog instrument.

Digital quantities, on the other hand, can be maintained at very high accuracy and measured and manipulated at very high speed. The accuracy of the digital signal is in direct relationship to the number of bits used to represent the digital quantity. For example, using 10 bits, an accuracy of 1 part in 1 024 is assured. Using 12 bits gives four times the accuracy (1 part in 4 096), and using 16 bits gives an accuracy of 0.001 5%, or 1 part in 65 536.

This accuracy can be maintained as digital quantities are manipulated and processed very rapidly, millions of times faster than analog signals. As a result, if analog quantities are required to be processed and manipulated, the new design technique is to first convert the analog quantities to digital quantities, process them in digital form, reconvert the result to analog signals and output them to their destination to accomplish a required task.

16. To understand how diodes, transistors, and other semiconductor devices can do what they do, it is first necessary to understand the basic structure of all semiconductor devices. Early semiconductors were fabricated from the element germanium, but silicon is preferred in most modern applications.

The crystal structure of pure silicon is of course 3-dimensional, but that is difficult to display or to see. For you physics types, silicon (and germanium) falls in column IVa of the Periodic Table. This is the carbon family of elements. The essential characteristic of these elements is that each atom has four electrons to share with adjacent atoms in forming bonds.

While this is an oversimplified description, the nature of a bond between two silicon atoms is such that each atom provides one electron to share with the other. The two electrons thus shared are in fact shared equally between the two atoms. This type of sharing is known as a covalent bond. Such a bond is very stable, and holds the two atoms together very tightly, so that it requires a lot of energy to break this bond.

For those who are interested, the actual bonds in a 3-dimensional silicon crystal are arranged at equal angles from each other. If you visualized a tetrahedron (a pyramid with three points on the ground and a fourth point sticking straight up) with the atom centered inside, the four bonds will be directed towards the points of the tetrahedron.

17. A drill press can of course be used to machine holes. (It's likely that almost everyone has seen some form of drill press, even if you don't work in manufacturing.) A person can place a drill in the drill chuck that is secured in

the spindle of the drill press. They can then (manually) select the desired speed for rotation (commonly by switching belt pulleys), and activate the spindle. Then they manually pull on the quill lever to drive the drill into the workpiece being machined.

As you can easily see, there is a lot of manual intervention required to use a drill press to drill holes. A person is required to do something almost every step along the way! While this manual intervention may be acceptable for manufacturing companies if a small number of holes or workpieces must be machined, as quantities grow, so does the likelihood for fatigue due to the tediousness of the operation. And do note that we've used one of the simplest machining operations (drilling) for our example. There are more complicated machining operations that would require a much higher skill level (and increase the potential for mistakes resulting in scrap workpieces) of the person running the conventional machine tool. (We commonly refer to the style of machine that CNC is replacing as the conventional machine.)

By comparison, the CNC equivalent for a drill press can be programmed to perform this operation in a much more automatic fashion. Everything that the drill press operator was doing manually will now be done by the CNC machine, including: placing the drill in the spindle, activating the spindle, positioning the workpiece under the drill, machining the hole, and turning off the spindle.

18. A sensor (also called detector) is a converter that measures a physical quantity and converts it into a signal which can be read by an observer or by an (today mostly electronic) instrument. For example, a mercury-in-glass thermometer converts the measured temperature into expansion or contraction of a liquid which can be read on a calibrated glass tube. A thermocouple converts temperature to an output voltage which can be read by a voltmeter. For accuracy, most sensors are calibrated against known standards.

Sensors are used in everyday objects such as touch-sensitive elevator buttons (tactile sensor) and lamps which dim or brighten by touching the base. There are also innumerable applications for sensors of which most people are never aware. Applications include cars, machines, aerospace medicine, manufacturing and robotics.

A sensor is a device which receives and responds to a signal. A sensor's sensitivity indicates how much the sensor's output changes when the measured quantity changes. For instance, if the mercury in a thermometer moves 1 cm when the temperature changes by 1 ℃, the sensitivity is 1 cm/℃ (it is basically the slope Dy/Dx assuming a linear characteristic). Sensors that measure very small changes must have very high sensitivities. Sensors also have an impact on what they measure; for instance, a room temperature thermometer inserted into a hot cup of liquid cools the liquid while the liquid heats the thermometer. Sensors need to be designed to have a small effect on what is measured; making the sensor smaller often improves this and may introduce other advantages. Technological progress allows more and more sensors to be manufactured on a microscopic scale as microsensors using MEMS technology. In most cases, a microsensor reaches a significantly higher speed and sensitivity compared with macroscopic approaches.

19. Any electric-distribution system involves a large amount of supplementary equipment to protect the generators, transformers, and the transmission lines themselves. The system often includes devices designed to regulate the voltage or other characteristics of power delivered to consumers.

To protect all elements of a power system from short circuits and overloads, and for normal switching operations, circuit breakers are employed. These breakers are large switches that are activated automatically in the event of a short circuit or other condition that produces a sudden rise of current. Because a current forms across the terminals of the circuit breaker at the moment when the current is interrupted, some large breakers (such as those used to protect a generator or a section of primary transmission line) are immersed in a liquid that is a poor conductor of electricity, such as oil, to quench the current. In large air-type circuit breakers, as well as in oil breakers, magnetic fields are used to break up the current. Small air-circuit breakers are use for protection in shops, factories, and in modern home installations. In residential electric wiring, fuses were once commonly employed for the same purpose. A fuse consists of a piece of alloy with a low melting point, inserted in the circuit, which melts and breaks the circuit if the current rises above a certain value. Most residences now use air-circuit breakers.

20. A strain gauge takes advantage of the physical property of electrical conductance and its dependence on the conductor's geometry. When an electrical conductor is stretched within the limits of its elasticity such that it does not break or permanently deform, it will become narrower and longer, and has changes that increase its electrical resistance end-to-end. Conversely, when a conductor is compressed such that it does not buckle, it will broaden and shorten, changes that decrease its electrical resistance end-to-end. From the measured electrical resistance of the strain gauge, the amount of applied stress may be inferred. A typical strain gauge arranges a long, thin conductive strip in a zig-zag pattern of parallel lines such that a small amount of stress in the direction of the orientation of the parallel lines results in a multiplicatively larger strain over the effective length of the conductor—and hence a multiplicatively larger change in resistance—than would be observed with a single straight-line conductive wire. Strain gauges measure only local deformations and can be manufactured small enough to allow a "finite element" like analysis of the stresses to which the specimen is subject. This can be positively used in fatigue studies of materials.

21. Capacitive sensors have a wide variety of uses. Some are:

• Flow—Many types of flow meters convert flow to pressure or displacement, using an orifice for volume flow or Coriolis effect force for mass flow. Capacitive sensors can then measure the displacement.

• Pressure—A diaphragm with stable deflection properties can measure pressure with a spacing-sensitive detector.

• Liquid level—Capacitive liquid level detectors sense the liquid level in a reservoir by measuring changes in capacitance between conducting plates which are immersed in the liquid, or applied to the outside of a non-conducting tank.

• Spacing—If a metal object is near a capacitor electrode, the mutual capacitance is a very sensitive measure of spacing.

• Thickness measurement—Two plates in contact with an insulator will measure the insulator thickness if its dielectric constant is known, or the dielectric constant if the thickness is known.

• Shaft angle or linear position—Capacitive sensors can measure angle or position with a multiplate scheme giving high accuracy and digital output, or with an analog output with less absolute accuracy but faster response and simpler circuitry.

• Keyswitch—Capacitive keyswitches use the shielding effect of a nearby finger or a moving conductive plunger to interrupt the coupling between two small plates.

• Limit switch—Limit switches can detect the proximity of a metal machine component as an increase in capacitance, or the proximity of a plastic component by virtue of its increased dielectric constant over air.

• *XY* coordinate—Capacitive graphic input devices of different sizes can replace the computer mouse as an *XY* coordinate input device. Finger-touch-sensitive, *Z*-axis-sensitive and stylus-activated devices are available.

• Accelerometers—Analog Devices Inc. has introduced integrated accelerometer ICs with a sensitivity of 1.5 g. With this sensitivity, the device can be used as a tiltmeter.

22. Single-packet transmission means that sensor or actuator data are lumped together into one network packet and transmitted at the same time. Whereas in multiple packet transmission, sensor or actuator data are transmitted in separate network packets, and they may not arrive at the controller and plant simultaneously. One reason for multiple-packet transmission is that packet-switched networks can only carry limited information in a single packet due to packet size constraints. Thus, large amounts of data must be broken into multiple packets to be transmitted. The

other reason is that sensors and actuators in a NCS are often distributed over a large physical area, and it is impossible to put the data into one network packet. Conventional sampled-data systems assume that plant outputs and control inputs are delivered at the same time, which may not be true for NCSs with multiple-packet transmissions. Due to network access delays, the controller may not be able to receive all of the plant output updates at the time of the control calculation. Different networks are suitable for different types of transmissions. Ethernet, originally designed for transmitting information such as data files, can hold a maximum of 1 500-byte of data in a single packet. Hence, it is more efficient to lump the sensor data into one packet and transmit it together in single-packet transmission. On the other hand, DeviceNet, featuring frequent transmission of small-size control data, has a maximum 8-byte data field in each packet; thus, sensor data often must be shuttled in different packets on DeviceNet.

23. The digital integrated circuit (IC) called a microprocessor has ushered in a whole new era for electronic control systems. This revolution has occurred because the microprocessor brings the flexibility of program control and the computational power of a computer to bear on any problem. Automatic control applications are particularly well suited to take advantage of this technology, and microprocessor-based control systems are rapidly replacing many older control systems based on analog circuits or electromechanical relays. One of the first microprocessor-based controllers made specifically for control applications was the programmable logic controller (PLC). A microprocessor by itself is not a computer; additional components such as memory and input/output circuits are required to make it operational. However, the microcontroller which is a close relative of the microprocessor, does contain all the computer functions on a single IC. Microcontrollers lack some of the power and speed of the newer microprocessors, but their compactness is ideal for many control applications; most so-called microprocessor-controlled devices, such as vending machines, are really using microcontrollers. Some specific reasons for using a digital, microprocessor design in control systems

are the following:

• Low-level signals from sensors, once converted to digital, can be transmitted long distances virtually error-free.

• A microprocessor can easily handle complex calculations and control strategies.

• Long-term memory is available to keep track of parameters in slow-moving systems.

• Changing the control strategy is easy by loading in a new program, and no hardware changes are required.

• Microprocessor-based controllers are more easily connected to the computer network within an organization. This allows designers to enter program changes and read current system status from their desk terminals.

24. A hybrid electric vehicle has an additional advantage: regenerative braking. When braking or descending a slope, the energy from the wheels is not lost but is conveyed back to the battery. This demands that the conversion electronic circuit between the battery and the DC-link acts in this phase as a voltage step-down circuit. A new type of constraint is thus imposed on the power electronics circuit: it has to allow a bidirectional power flow. In addition, for use in automotive applications, the power electronics circuit needs to meet more features: low cost, minimization of the component size and count to get a low weight, a compact design, low electromagnetic interference (EMI) emission, and good conversion efficiency over a wide load power range. Reliability and safety are first to be ensured. The battery must be maintained within the range of allowed voltage and current limits for preventing explosions or fire in the vehicle. If a high voltage for driving the motor is needed, a series-connected battery string is used. To avoid charge imbalance among the cells during their repetitive charging and discharging operation, which would affect both the whole capacity and lifetime of the battery, a charge-type cell equalization converter is used. Therefore, to conceive a converter for an automotive purpose means a new research and design challenge in power electronics: create bidirectional and bipolar circuits that can

give a smooth acceleration and deceleration of the entire vehicle.

25. The development of high voltage direct current (HVDC) transmission technology necessitates the higher voltage levels and transmission power, which again puts back the focus on the insulation issues. The surface charge can be easily accumulated on the insulation surface under the high electric field application. Moreover, the probability of surface flashover is higher than the breakdown of insulation material. Thus, the surface insulation properties of these materials have restricted the development and wide-scale implementation of HVDC. The silicone rubber (SiR) is widely used as outdoor insulation, whereas epoxy resin (EP) with aluminium nitride (AlN) nanocomposites possesses the suitable properties for the indoor insulation application. This thesis compares the influence of dielectric barrier discharge (DBD) plasma treatment on the surface electrical and physicochemical properties of SiR and the EP/AlN nanocomposite materials. The major findings are as follows: An equivalent circuit model of DBD used for the material treatment is proposed and the calculation method of the relevant electrical parameters is derived. A developed DBD experimental system is used in the present study. The EP sample is treated by DBD plasma, and the electrical parameters of the discharge during treatment are calculated using the proposed circuit model. It is shown that the areal ratio of the filament discharge on the EP sample surface increases with the plasma treatment time. The surface conductivity and amount of shallow traps are both increased on the EP sample surface after the DBD plasma treatment.

26. The analysis of physicochemical characteristics shows that after plasma treatment, the content of polar groups and the surface roughness of EP/AlN samples increase significantly. The increased surface roughness suppresses the development of discharge channels, thereby increasing the surface flashover voltage. The regulation mechanism of plasma treatment on the dynamic characteristics of different polar charge on the SiR surface is determined. Moreover, the aging properties of the plasma-treated layer on the

SiR surface are analyzed. It is found that the plasma treatment can increase the shallow trap density and surface conductivity of the SiR sample, but it does not affect the volume conductivity. Besides, plasma treatment can increase the content of polar groups on the surface of SiR. The water contact angle decreases continuously with the increase of plasma treatment time. However, the content of the hydroxyl group-OH on the surface of SiR after the plasma treatment decreases significantly and the hydrophobicity is recovered after the plasma-treated sample is exposed in the air for 30 days. The results show that plasma treatment can maintain the hydrophobicity of SiR samples and improve the surface insulation properties. Partial discharge magnitude and surface flashover voltage measurement show that the prolonged plasma treatment can promote the surface charge movement and dissipation on the SiR surface. However, the surface flashover voltage is decreased due to the rapid charge movement. It is found that an optimized plasma treatment time can result in the highest surface flashover voltage of SiR.

27. In this paper, the current harmonic suppression of high-speed permanent magnet synchronous motor (PMSM) drive control system is taken as the research object. Aiming at the problems of complex current harmonic generation factors, high-frequency loss content calculation difficulty, suppression algorithm research difficulty when considering dynamic performance and complex design of special drive controller, the research on the electrical parameter change law of high-speed permanent magnet synchronous motor, the influence factors and variation law of time/space current harmonic, the influence law of current harmonic on high-frequency loss, the model predictive current harmonic suppression algorithm and the design of special digital drive controller are carried out. The design of high-speed permanent magnet synchronous motor drive controller is optimized, including the calculation performance of the driver controller, the three-level modulation method and the anti-interference current sampling method. An improved three-level modulation method which redefines the meaning of duty cycle is proposed to reduce the requirement of three-level modulation for of

high-performance microchip peripheral modules. A current integral sampling method based on hardware integration circuit is proposed to eliminate the influence of current harmonics caused by transient current of high-speed permanent magnet synchronous motor. High performance TMS320C6747 is used for the operation processing core. The specialized drive controller and the experimental platform are completed. On this basis, based on the traditional two-level drive control platform and the designed high-speed PMSM specialized drive controller, the performance of the current sampling integrate method, the high-speed PMSM current harmonic variation law and the high-frequency loss variation law with the driver parameters, the model predictive current harmonic suppression algorithm are compared and verified.

28. Firstly, according to the electromagnetic structure design criteria of high-speed permanent magnet synchronous motor (PMSM), the variation law of electromechanical parameters of high-speed permanent magnet synchronous motor is obtained. Based on the analysis of the influence of electromechanical parameters on transient current harmonics and control system performance, a comprehensive analysis and judgment method for high-speed PMSM has been obtained.

Secondly, in order to realize the accurate quantitative analysis of current harmonics of high-speed permanent magnet synchronous motor, it is necessary to establish an accurate simulation model for the high-speed PMSM control system. In this paper, a modeling method of precise control system simulation model considering the discretization of control system software and frequency division of current loop/speed loop is proposed. The current harmonic variation and distribution of actual motor model and ideal motor model under the action of PWM inverter and ideal voltage source are compared and analyzed, and the influence factors of spatial/time harmonic on current spectrum distribution of high-speed permanent magnet synchronous motor are revealed.

In addition, in order to obtain the optimal suppression criterion of high-frequency loss of high-speed permanent magnet synchronous motor, it is necessary to study the variation of high-frequency loss of high-speed permanent magnet synchronous motor with the amplitude and frequency of harmonic current. A finite element calculation method is proposed to calculate the high-frequency loss under the action of any harmonic current. The high-frequency losses under the excitation of different current sources are analyzed, and the variation law of stator core loss and rotor eddy current loss with harmonic current amplitude and frequency is obtained. Furthermore, the influence of different topologies on the high frequency loss is obtained, which provides a theoretical basis for the selection of special driver topology and switching frequency.

29. Modeling of a phenomenon or process is based on its observation and relies upon capturing into an approximate, but sufficiently comprehensive, representation, its most significant features from the point of view of a given application. Modeling requires generalization in the sense that the studied phenomenon must be regarded in the context of similar phenomena so common features may be extracted. Generally speaking, there are two main modeling approaches: one that uses black-box models, based on the process behavior observation of its response to some known input signals, and one based on the known information about the system to be modeled (i.e., representation centered on the behavior laws). The latter approach is employed not only to model physical processes, but also biological, economics or even social systems. Mixing between the two approaches is also encountered, leading to the so-called gray-box models. The power electronic converter will be modeled by using the "information" approach. This means that model representations will be made using the available physical knowledge about the considered converter. In general, physical knowledge about system results in mathematical description of mass and energy conservation laws. Thus, energy accumulation variations within the system are described by so-called state variables. In the particular case of power converters, information is embodied in Kirchhoff's laws of the converter circuit, Ohm's laws for the various loads and, finally, in the states of various solid-state switches.

30. Another voltage source/stiff inverter configuration which is becoming increasingly important for high power applications is the so-called neutral-point clamped (NPC) inverter. This inverter has a zero DC voltage center point, which is switchable to the phase outputs, thereby creating the possibility of switching each inverter phase leg to one of three voltage levels. The major benefit of this configuration is that, while there are twice as many switches as in the two-level inverter, each of the switches must block only one-half of the DC link voltage (as is also the case for the six centertapped diodes). However, one problem that does not occur with a two-level inverter, is the need to ensure voltage balance across the two series-connected capacitors making up the DC link. One solution is to simply connect each of the capacitors to its own isolated DC source (for example the output of a diode bridge fed from a transformer secondary). The other method is to balance the two capacitor voltages by feedback control. In this case the time that each inverter leg dwells on the center point can be adjusted so as to regulate the average current into the center point to be zero. In order to produce three levels, the switches are controlled such that only two of the four switches in each phase leg are turned on at any time.

31. The GAM proves to be an accurate tool for obtaining large-signal converter models and also allows replicating their dynamical behavior at small time scales close to the switching period. Being flexible, this type of model can be used even if the frequency is changing slightly. Of course, this change must be slower than the system dynamics in order to ensure acceptable errors. The approach is valid also for asymmetrical converters. However, the gain in accuracy is not justified with respect to the complexity engendered by the addition of supplementary variables. There are multiple possibilities of employment of these models, among which one can cite:

Steady-state analysis: This steady-state approach is in fact the classical method of the first-harmonic model (permanent sinusoidal regime). In this context, the model provides results easy to obtain because once the equivalent diagram has been built one must only apply the classical rules of electrical circuits. This advantage of the simplicity, makes the model more attractive than the phase-plane model. Obtaining the analytical expressions, despite taking into account a damping in the resonant circuits, allows one to obtain the gain sensitivity in relation with a given parameter (switching frequency, load, etc.).

Dynamical analysis: Good dynamical precision ensures a good description of the input-output dynamics, as well as of the internal dynamics. This feature recommends the GAM as an analysis tool at least as useful as the large-signal model. Small-signal models can be built based upon continuous models without making use of too heavy and complicated computation methods. To this end it is sufficient to differentiate the large-signal model around an equilibrium operating point.

32. For current mode control, two system loop gains are defined at the different locations in the system. These two loop gains collectively provide useful information about the internal structure of the feedback controller, but the informational contents of the two loop gains are very different. Thus, the roles of the two loop gains in the dynamic analysis and control design are distinct and unique. This situation is in sharp contrast to the case of voltage mode control, where only one system loop gain exists. For voltage mode control, connections between the loop gain and closed-loop performance are direct and explicit. Thus, the loop gain analysis is straightforward for this case.

For current mode control, the loop gain analysis is rather involved because the connections between the loop gains and closed-loop performance are indirect and implicit. Furthermore, the contributions of the two loop gains to the control design are very different. Readers may be tempted to compare the loop gain characteristics of current mode control with those of voltage mode control. In that case, the comparison must be done with care, because a direct comparison between the loop gains of voltage mode control and current mode control does not provide consistent information about the performance of the converter or correctness of the control design. Indeed, the loop gain of voltage mode control usually seems superior to the outer loop gain of current mode control. However, this does not imply that voltage mode control outperforms current mode control, but does indicate that the outward message of the two loop gains should be interpreted differently and carefully in consideration of their connections to the closed-loop performance of the respective converter system.

33. It is a common feature to all these methods that the optimization computation process is done off-line on a personal or mainframe computer. The result of the computation is a set of switching angles which are functions of the modulation index *M*. The switching angles are stored in the memory of a PWM controller or an EPROM. The stored angles are accessed in real time to determine the optimized switching angles. Since these angles always are synchronized to the fundamental component, the harmonic spectrum is free from subharmonic components. The switching of pulses always operates in synchronism, so that the number of pulses per cycle must be changed in discrete fashion as the frequency decreases in order to maintain a good quality waveform. Because the computational effort needed to compute the switching angles increases greatly with the number of switching angles to be calculated, these methods are generally combined with natural or regular sampling methods to complement these optimal methods over the lower end of the fundamental frequency range. While benefits exist, the overhead in time, effort, and computing resources frequently prevent their use in many lower cost applications. However, optimized methods can be combined with regular sampling to produce a low-cost approximation.

34. The performance of a DC-to-DC converter will be divided into two categories: the static performance and dynamic performance. The static performance characterizes the DC-to-DC converter as a static voltage source. The static performance includes the input-to-output voltage conversion ratio and power handling capacity. The static performance is solely determined by the power stage and is irrelevant to the feedback controller. The second category is the dynamic performance which depicts the DC-to-DC converter as

a closed-loop controlled dynamic system. The most important dynamic performance is stability. The DC-to-DC converter should establish a periodic steady state operation to produce the desired output voltage. When a certain disturbance is introduced, the converter could temporarily deviate from its steady-state operation. However, the converter should always return to the original operating point as the disturbance disappears. This essential feature is possible only when the converter meets the stability criterion. Another important dynamic performance is the step load response. A stable DC-to-DC converter provides a fixed steady-state output voltage, regardless of any changes in the load current. When a step change occurs in the load current, the output voltage of the converter would show a transitional excursion before it returns to its steady-state value. The transitional output voltage response is called the step load response in this book. The step load response is of particular concern when digital logic circuits are employed as the load.

35. The basic elements of an active magnetic bearing systems are the electromagnetic coil, the suspended rotor, position sensor and the controller that controls the actuators coil current and hence the position of the rotor shaft. A magnetic bearing assembly usually consists of several magnetic coils placed close to the rotor shaft in such a way as to provide enough force to suspend the dynamic rotor and at same time be able handle the sudden load that is applied to it. Usually, some kind of modification on the steel structure must be done on the rotor shaft in such a way as to allow the magnetic coils to produce maximum field strength to suspend the rotor in a stable position withstanding all the possible loads that come on it. The complete structure of the active magnetic bearing consists of a total of eight such magnetic coil actuators. A set of four magnetic coils to pull the rotor in upward direction and another set of four coils to pull the rotor shaft in downward direction. The magnetic field created by an electromagnet is proportional to both the number of turns N in the winding and the current I in wire. NI in ampere-turns is also called the magnetomotive force (MMF).

36. A single-phase alternating voltage can be produced by rotating a magnetic field through the conductors of a stationary coil. If three separate coils are spaced 120° apart, three voltages 120° out of phase with each other will be produced when the magnetic field cuts through the coils. Three-phase power is superior to single-phase power in three aspects that the horsepower rating of three-phase motors or the KVA rating of three-phase transformers is about 150% greater than for single-phase motors or transformers with a similar frame size; that the power delivered by a three-phase circuit though pulsates as a single phase system does, of which power falls to zero three times during each cycle, never falls to zero; and that in a balanced three-phase system, the conductors need be only about 75% the size of conductors for a single-phase two-wire system of the same KVA rating, which helps offset the cost of supplying the third conductor required by three-phase systems. By connecting one end of each of the three-phase windings together, the three-phase system form a Y-connection, in which the line voltage is higher than the phase voltage by a factor of the square root of 3 (1.732) and the line current and the phase current are the same.

37. Figures 1.30, 1.31, and 1.32, show the switched phase leg, line-to-line and line-to-neutral phase voltages for a four-level, five-level, and a seven-level, diode-clamped inverter, respectively. In this case the phase legs have been switched between the voltage levels at the appropriate times to eliminate low-order harmonics. The progressive improvement in the quality of the switched waveform is obvious as the number of inverter voltage levels increases. Regardless of the number of levels, the blocking voltage of the switches in this type of topology is limited to VDC so that inverters operating at the medium AC voltage range (2 to 13.2 kV) can be implemented with low cost, high-performance insulated gate bipolar transistor (IGBT) switches. Unfortunately, the same is not true of the diodes connecting the various DC levels to the switches, some of which must be rated at $(k-2)$ Vdc where k is the number of levels $(k \geq 3)$. The voltage rating of the diodes therefore quickly becomes a problem and levels greater than five are not considered as

practical at the present time. This problem can be overcome by simply connecting several diodes in series, but the stress across the series-connected devices must then be carefully managed. Also since the number of series-connected switches increases with the number of levels, the switch conduction losses clearly increase in the same proportion. Fortunately, the power rating also increases at the same rate so the efficiency of the inverter remains roughly unaffected by the number of series-connected switches.

38. Replacing the bidirectional power switching devices with unidirectional diodes can suppress the circulating current as shown in Figure 1, where the power transfers from left to right side. Simply turning off the power switches in one of the secondary legs, as shown in Figure 1(a), can block the circulating current on the secondary side. Figure 1(b) shows a method that can suppress the circulating current on both primary and secondary sides, where additional power switching devices S_p, S_s can be added. These two methods are straight forward, however, the automatic bidirectional power flow capability is sacrificed and maximum transferred power of these circuits are also smaller than that of a normal DAB. In addition, in the method shown in Figure 1(b), there are additional conduction and switching losses, and careful modulation is required to give freewheeling paths for the inductor current. Varying the circuit between full- and half-bridges (termed as hybrid bridge) to let the actual voltage gain around unity can also reduce the circulating current. Figure 2 illustrates the working principle using fundamental components phasors of the i_L, V_{ab} and V_{cd}. The

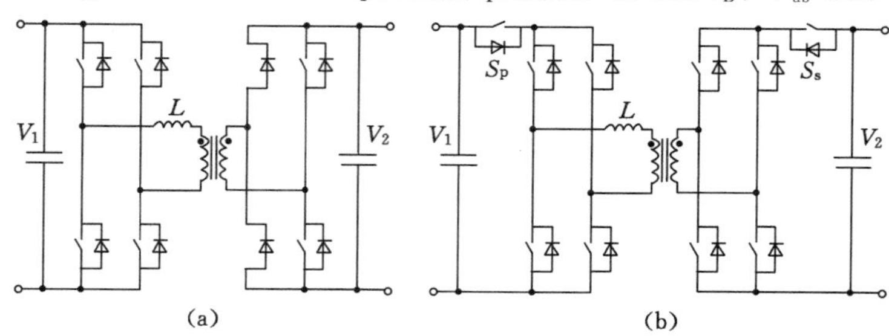

Figure 1 Typical circuits to suppress the circuiting current using unidirectional diodes

output powers of Figure 2(a) and (b) are the same, but the voltage gains M are 0.5 and 1 respectively. With larger θ and $|(V_{ab})|$, the circulating current of Figure 2(a) is much larger than that of Figure 2(b).

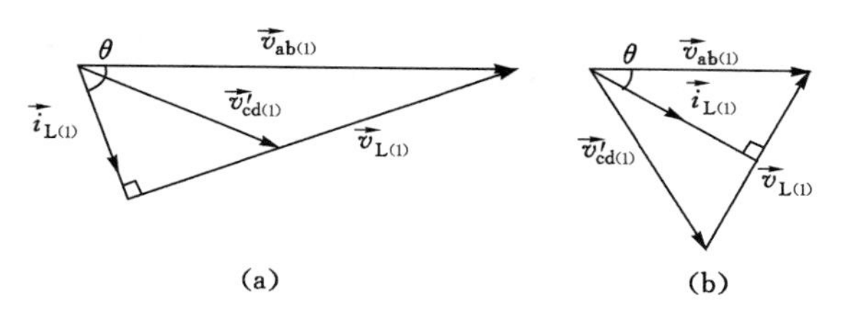

(a) $M=0.5$; (b) $M=1$

Figure 2 Fundamental phasor diagrams with the same output power

附录1 综合练习参考译文

1. 电压降(例如,电阻器两侧电压之间的差)——而不是电压本身——提供推动电流通过电阻器的驱动力。这与液压类似:管道两侧之间的压力差——而不是压力本身——决定了通过它的流量。例如,在管道上方可能水压较大,试图将水向下推过管道。但是在管道下方可能存在相同的水压,试图将水通过管道推回。如果这两个压力相等,水就不会流动。

电线、电阻器或其他元件的电阻和电导主要由两个属性决定:几何(形状)和材料。

几何形状很重要,因为要让水通过长而窄的管道比通过宽而短的管道更困难。同样,长而细的铜线比短而粗的铜线有更高的电阻(更低的电导)。

材料也很重要。装满头发的管子比具有相同形状和尺寸的空管子通过的水流更少。类似地,电子可以自由且容易地流过铜线,但是不易流过具有相同形状和尺寸的钢丝,并且它们基本上不能流过绝缘体(如橡胶),无论这些绝缘体形状如何。铜、钢和橡胶之间的差异与它们的微观结构和电子构型有关,并且通过被称为电阻率的特性来量化。

2. 随着厂站接入数目的增加和实时数据规模的不断扩大,现有数据采集系统面临着数据采集压力加大,实时性与可靠性难以保证的问题。因此,针对上述问题,提出一种面向服务的水电站远程集控分布式数据采集系统架构,依托数据分片和数据交叉冗余互备等分布式处理技术,对集控中心监控系统的实时数据进行分片采集,并将数据采集结果写入数据服务,实现数据即服务的功能,以多机协同的方式实现了数据的分布式采集,解决了水电站远程集控系统在数据采集方面存在的可靠性差、关联性强、数据吞吐能力不足与不易扩展等问题。目前,基于该架构已开发了一套分布式数据采集系统,实际运行效果表明,系统可有效突破现有数据采集系统存在的性能瓶颈,满足了未来智能水电站集控业务的发展需求。

3. 针对特高压注入后发生直流闭锁故障时大功率损失的问题，本文提出一种备用辅助服务下弥补大功率缺额，进行机组组合优化调度的方法。通过仿真算例验证备用辅助服务参与下的机组组合成本可以有效降低。结果表明，该方法对电力经济调度优化有重要意义，同时对于提高发电厂提供辅助服务的积极性，促进主能量和辅助服务的均衡协调供应也有着重要意义。

4. 针对连续潮流法求取 P-V 曲线时，存在每次迭代计算时其雅可比矩阵需要根据初始状态（上一个潮流解）重新构成和预估步长选择困难的问题，提出了一种改进的连续潮流法。首先是将常规潮流计算法（牛顿-拉夫逊法）改进为快速分解法并对整个改进过程进行了详细推导，然后利用二次曲线拟合方法快速求得静态电压稳定极限点。将改进方法应用于酒泉风电接入系统。仿真结果表明：改进连续潮流法在保证计算精度的前提下，计算时间大为缩短，该方法适合在线运行。

5. 抑制直流微电网母线电压波动是保证电能质量的重要手段。在充分利用分布式电源即插即用和复合储能单元充放电特性的前提下，基于传统电压电流双闭环控制策略，提出了一种在 DC/DC 变流器侧非线性干扰观测器前馈控制的策略，利用非线性干扰观测器跟踪负荷扰动，通过前馈控制抑制直流母线电压波动，从而保证电能质量，利用 MATLAB/Simulink 搭建了控制模型。仿真结果表明，所提控制策略与传统控制策略相比，直流母线电压与给定电压参考值误差低两倍到三倍，可以有效抑制直流母线波动，验证了所提策略的正确性和有效性。

6. 输电阻塞是电力市场环境中影响出清电价及市场主体间公平竞争的重要因素。提出一种基于设备联切的输电阻塞管理与断面监控方法。通过操作断路器和隔离开关，保持所有设备正常状态下运行，从而维持系统正常状态下的可靠性水平。在故障状态下通过联跳送端机组送出线路或主变，降低薄弱支路功率越限风险及受端电网限负荷风险。利用分布因子法构造监控断面，准确监控故障后薄弱支路的过载风险。该方法成功应用于我国南部区域一实际电网的运行方式安排及运行控制，提高了安全稳定断面的可控性和电网运行的可靠性，有效减轻了可能造成的输电阻塞。

7. 人们发现，用于此目的的发射体就是中子。中子的质量能够粉碎电子壳层，其极小的体积和不带电的特性可以使其自身穿透原子核。一旦进入原子核，“侵入”的中子便可引起质子与中子的重构和重排，且对外层无丝毫影响。此时，中子被吸收，一种新的同位素原子也就诞生了。但是，“侵入”的中子还可能使重原子核分裂，使其分裂成两个或更多部分，成为两种或多种完全不同的元素；原来的元素就发生了蜕变。当重原子以这种方式被分裂时，也就发生了质量损失。根据爱因斯坦质能方程 $E=mc^2$（式中 c 为光的速度），这种质量转化成了相等的能量。

8. 什么是工业总线？传统上，工业总线被用来让中央计算机同现场设备进行通信。中央计算机是大型机或小型机（PDP-11），现场设备可能是一个智能设备，如流量表或温度传感器或者是如 CNC 单元或机器人这样的复杂设备。随着计算能力设备成本的降低，工业总线允许计算机之间相互通信来协调工业生产。如同人类语言一样，人们设计了许多计算相同设备之间的通信方式，也同人类相似，大部分通信与任何别的系统之间的通信是不兼容的。不兼容能分成两类：物理层和协议层。

9. 当要保护数据线免受瞬间的电干扰时，常常首先想到的就是振荡抑制。振荡抑制的概念是直观的，并且市场上有大量不同的振荡抑制设备可供选择。该模块可以用来防止从计算机到应答设备以及串行端口为 RS-232、RS-422 或 RS-485 的设备受到任何干扰。不幸的是，在绝大多数的串行通信系统中，振荡抑制并不是最佳选择。大多数的雷电和感应振荡都会引起通信系统中各点之间接地电动势的差异。系统覆盖的物理区域越大，各地点接地电势差就越有可能存在。

10. 和水的类比有助于解释这种现象。我们不要想象管子中的水，而是更大，想象海洋中的浪。问任何人海洋的海拔是多少，你得到的答案都是海拔是零——也就是我们通常说的海平面。尽管平均海拔是零，但我们知道潮汐和海浪都能够引起水面实际高度短暂地发生很大变化。这和接地非常相似。大量电流进入大地的效果，同样地，就像水波从原点向四周漫开一样。两点之间的对地电压差距很大，直到这种能量消失。

11. 脉冲调制是一种能对幅值、宽度、相位，甚至离散脉冲进行良好的控制，从而实现信息传递的调制系统。它是一套将一系列发生在离散时间间隔点所搭载的信息量，编码成对应的正则序列电磁载波的技术。按变换幅值、极性、存在或不存在、宽度、脉冲发生的时间等因素，可划分为四种形式的脉冲调制：脉冲幅值调制(PAM)、脉冲编码调制(PCM)、脉冲宽度调制(PWM)也称为脉宽调制(PDM)以及脉冲位置调制(PPM)。PAM、PWM 以及 PPM 技术在数字通信的发展初期，特别是在无线遥控领域中的远程监测和传感方面曾起过重要作用，后因 PCM 技术的兴起而废弃。从 20 世纪 60 年代早期开始，国际上的主要电信运营商逐渐开始采用脉冲编码调制技术的传输设备，到现在升级基本完成。大部分这些传输系统，如 24 声道的 T1 载波结构，采用时分复用技术。这些载波系统可由多种传输介质传送，包括电话双绞线、同轴电缆、光缆和微波。

12. 电力系统是由电力元器件组成的一个网格，用于电力生产、传输和使用。电力系统是给一个区域家庭和工厂供能的网格，对于规模大的区域，众所周知，这种电力系统被称为电网，能大致分为发电机组——提供电能，输电系统——把电能从发电中心传输到负荷中心，以及配电系统——把电能馈送到附近家庭和工厂。在工厂、医院、商业建筑和住宅中则可以使用一些小型电力系统。这些系统大多使用三相交流电源——当今世界大型输、配电的通用电源。一些不使用三相交流电源的专用电力系统应用在飞机、电动轨道系统、远洋班轮和汽车上。电能是电流和电压两个量的乘积。这两个量可随着时间的变化而变化(对交流电而言)或能保持恒定值(对直流电而言)。电网系统连接多个频率和相数相同的发电机组和负荷，以同一频率和相数运行，最常见的是 50 赫兹三相或 60 赫兹三相两种形式运行。然而，还有其他一些明显的问题，即发电机应能供应多少电力？发电机的启动时间要多久才是可接受的(一些发电机组启动时间长达数小时)？能源的可用性是可以接受的吗(一些可再生能源只在有太阳光照射或风吹之时才能使用)？从具体技术来讲，怎样启动发电机(一些汽轮机就像一个马达带动自身达到所需的速度，此时它们需要一个适当的启动电路)？汽轮机运行的机械速度是多少，以及最终需要多少磁极数？什么型号的发电机(是同步还是异步)和转子(鼠笼型转子、绕线式转子、凸极转子还是隐极转子)才匹配？

13. 闭环系统可以根据是否有自调进一步区分。在有自调的系统中，当输入值突然变化后，经过一段时间后输出又表现为一个恒定值。这种系统常称为比例系统或P系统。举一个加热环的例子：输入值是加热电能，输出值是环的温度。在没有自调的系统中，当输入值突然变化后输出值也会上升或下降。只有当输入在零点时输出才保持恒定。这种系统一般称为积分系统或I系统。容器的液面控制就是一个例子：注入的流量是输入值，液体的水平高度是输出值。另一种重要的系统类型是有死区的系统。这种情况下输入的改变只有经过死区时间延迟后才能在输出上反映出来。在技术系统中，设定位置与测量位置之间的距离产生了死区时间。例如传送带：传送带始端传送物的质量等于输入值，传送带末端的质量等于输出值。死区的时间可以由传送带的长度除以传送速度得到，并因此它可以是变化的。

14. 系统受到干扰后的暂态是自然振荡过程；但是如果系统是稳定的，这些振荡将受到抑制，走向一个新的静态运行状态。然而，这些振荡反映的是潮流在传输线路上的波动。如果连接两组机组的线路受到过度的潮流波动，保护设备可能跳闸从而将两组机组的联系切断。这显示出连接线的稳定性问题，但事实上反映的是两组机组的稳定性。

声称一个电力系统是“稳定的”，这种表述是比较模糊的，除非这种已得到检测的稳定性状况得到清晰的陈述。这包括系统的运行状况以及受到的干扰形式。连接线的稳定性也可以这么描述。这里我们关心的是线路跳闸，系统所能承受的功率波动取决于系统的初始运行状况，包括线路载荷以及它的自然承受能力。随着大型互联系统的出现，这些问题变得极为重要。事实上，一个会导致不稳定的严重（但不可能）干扰往往能被发现。因此，为了让设计的系统能保持应对干扰的稳定性，必须慎重地鉴别干扰。

15. 自然环境中的温度、压力、湿度和风速都是平滑且连续地变化的，并且在大多数情况下，是缓慢地变化的。测量模拟量的仪器通常都是响应缓慢并且精度不高的。在使用模拟量仪器进行测量时，要维持0.1%或1‰的误差是很困难的。

另一方面，数字化测量则可以维持非常高的精度，并且测量和操作都非常快。数字信号的精度直接与所表示数字量的位数相关。例如，使用10进位，则1/1 024的精度是可以保证的。使用12进位时，精度是其4倍（1/4 096），而使用16进位的精度则是0.001 5%（或1/65 536）。对数字量进行高速操作和处理时，仍然能保持这样的精度，因为数字信号的处理速度要比模拟信号的快数百万倍。因此，当需要对模拟量进行处理操作时，新的设计技术要求首先把模拟量先转化成数字量，以数字形式进行处理，再把结果转化成模拟信号，将其输出到目的地，以完成所需的任务。

16. 要了解二极管、晶体管和其他半导体设备的性能，首先要了解所有半导体设备的基本结构。早期的半导体都是由锗元素构成，但在现代的应用中首选硅元素。

纯硅的晶体结构是三维的，但它很难显示或被看到。按照人们在物理学中的分类，硅(和锗)属于元素周期表中的IVa列，属于碳族元素。该族元素的基本特征是每个原子都由四个电子与相邻的原子共用电子对而结合。

说简单一点，就是两个硅原子结合的属性是每个原子提供一个电子同另一个共享。两个电子的共享实际上就是被两个原子同等地共享。这种共享的类型就是我们熟知的共价键。这种键非常稳定，使得两个原子结合得非常牢固，因此需要很大的能量才能破坏这种结合。

对于那些对此感兴趣的人，还可以发现三位硅晶体以相同的键角彼此结合。如果你想象四面体(三个点在底部、第四个点在上部的一个棱锥)的中心有一个原子，那么四个键将指向四面体的各个顶点。

17. 钻床，顾名思义，可以用来钻孔。(似乎每个人都见过某种形式的钻床，即使你并不从事制造业。)人们将钻头放入钻床的卡盘，卡盘一定要在钻床的轴线上，然后他们(人工地)选择所需的旋转速度(一般是通过切换带轮)，再启动钻轴。然后手拉转轴的控制杆使钻头进入被机械加工的工件。

可以很容易地看出，在钻床钻孔过程中需要许多人工操作。在整个加工过程中几乎每一步都需要人工参与！需要加工少量的孔或工件时，制造公司可以接受人工干涉，但随着数量的增加，沉闷的操作可能导致操作人员厌烦。并且注意，我们已经用一个最简单的机械操作(钻孔)作为一个例子。由于有许多较复杂的机械操作，使用传统机械工具时，需要操作人员具有很高的技术水平(并且增加了出错而带来废品的可能性)。(一般指已经由CNC取代的传统机械。)

通过比较，等同于钻床的CNC可以通过编制程序完成操作，这种操作是一种更自动化的方式。钻床操作人员所做的所有人工操作现在都可以由CNC机器来完成，包括：安装转轴上的钻头、启动主轴、定位钻头下的工件、加工钻孔和停止转轴。

18. 传感器（也称探测器）是一种转换器，它测量物理量，并将物理量转化成能被观察者或（当今主要是电子）仪器读取的信号。举个例子，玻璃管水银温度计把测量的温度转换成液体膨胀或收缩，从而能在玻璃管上的刻度线上读取数据。热电偶把温度转换成可以由电压表读取的输出电压。为使测量准确，多数传感器都校准为已知的标准。

传感器是每天都用到的物品，如电梯触摸按钮（触觉传感器）和靠触摸底部来调光的灯。但是也有大量的传感器应用是人们从未意识到的。这些应用包括汽车、机械、航天航空、医药、制造业和机器人技术。

传感器是一种接收信号并响应的设备。传感器的灵敏度是指被测量变化时，传感器的输出变化多少。例如，当温度变化 1 ℃时，温度计中的水银移动 1 cm，即灵敏度为 1 cm/℃（假设为线性特性，基本上是 Dy/Dx 斜率）。为了测量非常小的变化量，传感器必须具有非常高的灵敏度，同时，传感器会对被测量产生影响。例如，当把室内温度计放入一杯热水中，热水使温度计变热，同时，温度计也会冷却热水的温度。这就需要设计出对被测量影响极小的传感器；把传感器做得比较小就能做到这点，同时还可能会带来其他好处。随着技术的进步，使用微电子机械系统（MEMS）技术，越来越多的传感器体积可以做得非常小，称之为微传感器。在大多数情况下，相对宏观而言，微传感器能显著地实现更快的速度和更高的灵敏性。

19. 每个配电系统包含大量辅助设备来保护其发电机、变压器和传输线路。系统通常还包括经过设计、用来调整电压或用户端其他电力特性的设备。

为了保护电力系统设施，防止短路和过载，采用断路器实现正常的开关操作。断路器是大型开关，在短路或者电流突然上升的其他情况下自动切断电源。由于电流断开时，断路器触点两端会形成电流，一些大型断路器（如那些用来保护发电机和一段主输电线路的断路器）通常浸入绝缘液体，如油中，以熄灭电流。在大型空气开关和油断路器中，使用磁场来削弱电流。小型空气开关用于商场、工厂和现代家庭设备的保护。在住宅电气布线中，以前保护时普遍采用保险丝。保险丝由熔点低的一片合金组成，安装在电路中，当电流超过一定值，它会熔断，切断电路。现在绝大多数住宅使用空气断路器。

20. 应变计利用电导的物理属性，并且依赖于导体的几何形状。当电导体在弹性范围内被拉伸，然而在还没有折断或产生永久变形时，它将变得窄而长，这将增加其两端的电阻。相反，当导体被压缩，但它未发生翘曲时，它会变宽并缩短，这会降低其两端的电阻。根据应变计测得的电阻，可以推算出施加的应力量。有一种典型的应变计，它是呈“之”字形平行铺放的长而薄的导电条，这样，沿着平行线方向很小的应力便会在导体的有效长度内导致应力倍增，因此产生电阻的倍增变化，这种布置比单一直线布置的导线的应力要大得多。应变计仅仅测量局部变形，可以制造得足够小，以便于应用“有限元”方法分析样本的应力。这可以用在材料的疲劳研究中。

21. 电容传感器有着广泛的应用，例如：

· 流量——利用容积流量节流口或质量流量的科里奥利效应力，许多类型的流量计将流量转换为压力或位移。因此用电容式传感器可以测量位移。

· 压力——具有稳定挠曲特性的膜片可以通过对间距敏感的检测器测量压力。

· 液位——电容液位检测器通过测量浸没在液体中或者应用于非导电槽外侧的导电板之间的电容变化，来检测水库中的液面高度。

· 间距——如果金属物体靠近电容电极，相互间的电容是一种非常敏感的间距测量措施。

· 厚度测量——在已知介电常数时，与绝缘体接触的两个板可测量出绝缘体的厚度，或者当已知绝缘体的厚度时，可以测量介电常数。

· 轴角度或直线位置——通过多片方案能进行高精度的数字输出，或进行绝对精度较低，但响应速度更快、电路更简单的模拟输出，电容式传感器可以测量角度或位置。

· 键盘开关——电容键盘开关通过靠近的手指或移动电柱的屏蔽效应，切断两个小金属板之间的耦合。

· 限位开关——因为金属机械部件增加了电容，限位开关可以检测出金属机械部件之间的距离，或根据空气介电常数的增加，可以检测出塑料部件之间的距离。

· *XY* 坐标——不同尺寸的电容图形输入装置，可以取代作为 *XY* 坐标输入装置的电脑鼠标，即可用于手指触摸敏感设备、*Z* 轴敏感设备和触笔设备。

· 加速度计——亚德诺半导体公司（ADI 公司）推出灵敏度为 1.5 克的集

成加速度计芯片。根据这种敏感度,该器件可以被用来作为一个倾斜仪。

22. 单数据包传输指的是传感器或执行器数据被集中在一个网络数据包中同时传输,而多重数据包传输中传感器或执行器数据由相互独立的多个数据包传输,这些数据包不可能同时到达控制器和系统。多重数据包传输的一个原因是数据包容量的限制,分组交换网络在一个数据包中只能携带有限的信息。因此,大量数据必须分成多个数据包再进行传递。另一个原因是网络控制系统中的传感器和执行器分布在巨大的物理空间内,不可能将数据放在一个网络数据包内。传统采样系统认为系统输出和控制输入是同时传递的,但对带有多重数据包传输的网络控制系统而言是不可能的。由于网络访问延时,控制器不可能在控制运算的时间内收到所有更新的系统输出数据。不同的网络适合不同类型的数据传输。以太网,最初是为传递数据文件而设计的,一个数据包最多可容纳 1 500 B。因此,将传感器数据集中在一个数据包内进行传输,对这种网络来说是更高效的。与以太网不同,以小容量控制数据频繁传输为特点的 DeviceNet 每个数据包最大容量为 8 B,因此传感器数据经常被装在 DeviceNet 上的不同数据包中。

23. 被称为微处理器的数字集成电路(IC)将电子控制系统带入了一个全新的时代。发生这场革命的原因是,微处理器将编程控制的灵活性和计算机的运算威力运用于处理问题。自动化控制应用特别适合利用这项技术,基于微处理器的控制系统正在迅速取代许多基于模拟电路或机电式继电器的老式控制系统。可编程逻辑控制器(PLC)是专门针对控制应用的第一种基于微处理器的控制器。微处理器本身不是一台计算机,必须附加一些诸如内存、输入/输出电路等额外部件才能使它运行起来。但是,作为微处理器近亲的微控制器实现了在单个 IC 上包含计算机的所有功能。微控制器在速度和威力上比不上后来的微处理器。但紧凑的结构使其成为许多控制应用的理想选择。大多数所谓的微处理器控制设备,如自动售货机,都是使用微控制器的。下面是一些在控制系统中使用数字化微处理器设计的确切原因:

· 传感器的低电平信号一旦转换为数字信号后,可以几乎无差错地长距离传输。

· 微处理器能够轻松地处理复杂的计算和控制策略。

· 长期保持的记忆体可用于跟踪缓慢变化系统的参数。

·装载新程序便可以轻易更改控制策略，无须改动硬件。

·基于微处理器的控制器可以更容易地连接到一个机构内的计算机网络。这允许设计人员输入程序更改指令并从他们的桌面终端读取当前的系统状态。

24. 混合动力电动汽车还有一项优势：再生制动。刹车或下坡的时候，来自车轮的能量不会消失，而会被传递回电池。这就需要连接电池和 DC-Link 电容器的电子转换电路起到降压电路的作用。这就对电力电子电路提出了新的要求：它必须能允许双向电流通过。此外，由于要应用在汽车装置中，电力电子电路还应具有其他的特点：价格低廉，重量轻盈，元件尺寸小，设计紧凑，电磁干扰辐射较低，以及在一个较宽的功率范围内能获得较好的转换效率。首先要保证混合动力电动汽车的可靠性和安全性。电池的电压和电流需要保持在合理范围之内，谨防发生爆炸或车辆起火。如果车辆需要在高电压的情况下行驶，那么就可以使用串联电池组。电池在蓄电和放电过程中如果发生充电不均衡的情况，这样就会影响电池容量和寿命。为了避免这样的事情发生，可以使用充电型电池均衡变换器。而在车辆中使用变换器则是电力电子研究设计的又一项挑战：创造出一个可以车辆平稳加速和减速的双向双极电路。

25. 目前，随着高压直流(high voltage direct current，HVDC)输电技术的发展，电压等级和输送容量进一步提高，HVDC 系统中的绝缘问题逐渐成为研究的焦点。由于在高场强作用下，绝缘材料的表面容易积聚表面电荷，沿面闪络发生的几率高于绝缘介质内部的击穿，HVDC 系统中的绝缘材料表面绝缘特性成为制约 HVDC 发展和应用的瓶颈。为此，本文利用大气压介质阻挡放电(dielectric barrier discharge，DBD)产生低温等离子体，分别对外绝缘主要材料硅橡胶(silicone rubber，SiR)，以及内绝缘主要材料环氧树脂(epoxy resin，EP)和氮化铝(aluminium nitride，AlN)纳米颗粒掺杂的 EP/AlN 纳米复合材料进行表面处理，对等离子体处理前后绝缘材料表面的电气绝缘性能和物理化学特性进行了研究，取得的主要成果如下：提出了 DBD 处理材料时的等效电路模型和电气参数计算方法，明确了 DBD 处理材料时放电参数变化的机理。建立了 DBD 放电实验系统，以 EP 为待处理试样，得到了 DBD 处理 EP 试样时的电气参数。结果表明，气体间隙内，EP 试样表面放电区域的面积分数随等离子体处理时间的增加而增加。等离子体处理时间增加使 EP 试样表面的表面电导率明显提高，浅陷阱含量增多。

26. 物理化学特性分析表明，等离子体处理后，EP/AlN试样表面极性基团的含量和表面粗糙度明显增加，增加的表面粗糙度妨碍了放电通道的发展，从而提高了试样的沿面闪络电压。确定了等离子体处理对SiR材料表面异极性电荷动力学特性的调控机制，揭示了SiR表面等离子体处理层的老化规律。研究发现，等离子体处理可以增加SiR试样表面的浅陷阱含量和表面电导率，但对其体积电导率无影响。等离子体处理后，试样表面正极性电荷消逝速率增幅更大。此外，等离子体处理可以使SiR试样表面极性基团的含量增加，而水接触角随等离子体处理时间的增加而下降。但是，等离子体处理后的SiR试样在空气中老化30天后，试样表面的羟基-OH基团含量明显降低，憎水性恢复。研究表明等离子体处理在提高SiR试样表面绝缘特性的同时，还可以保持试样的憎水性和憎水恢复性。局部放电和闪络电压测试结果表明，过长时间的等离子体处理，在促进SiR试样表面电荷运动和消逝的同时，也会由于电荷运动速率过快而导致沿面闪络电压下降。研究发现适当的等离子体处理时间使得SiR试样具有最高的沿面闪络电压。

27. 本文以高速永磁同步电机驱动控制系统为研究对象，针对电流谐波产生因素复杂、高频损耗含量计算困难、兼顾动态性能时的抑制算法研究困难以及专用驱动控制器设计复杂的问题，分别开展高速永磁同步电机电气参数变化规律、时间/空间电流谐波影响因素及变化规律、电流谐波对高频损耗的影响规律、模型预测电流谐波抑制算法以及专用数字驱动控制器设计的研究。为实现高速永磁同步电机专用驱动控制器的优化设计，对所提出算法进行实验验证，需要对驱动器控制的计算性能、三电平调制方法以及抗干扰电流采样方法进行针对性设计。首先，提出一种重新定义占空比含义的改进三电平调制方法，降低三电平调制对于高性能数字处理系统外围模块的需求；其次，提出一种基于硬件电路积分的电流积分采样方法，消除高速永磁同步电机瞬态电流导致的电流谐波成分对电流采样的影响；最后，采用高运算性能的TMS320C6747作为运算处理核心单元，完成专用驱动控制器的研制和实验平台的搭建。在此基础上，基于传统两电平驱动控制平台和所设计的高速永磁同步电机专用驱动控制器，对电流积分采样方法、高速PMSM电流谐波变化规律、高速永磁同步电机高频损耗随驱动器参数变化规律以及模型预测电流谐波抑制算法进行对比实验验证。

28. 首先，本文利用高速永磁同步电机电磁结构设计准则获得了高速永磁同步电机机电参数的变化规律，并针对机电参数对瞬态电流谐波以及控制系统性能的影响进行分析，获得适用于高速 PMSM 的系统综合分析判定方法。

其次，为实现高速永磁同步电机电流谐波影响因素的精确定量分析，需要对高速 PMSM 控制系统模型的精确仿真建模技术进行研究。本文提出一种考虑控制系统软件离散化、电流环/速度环分频的精确控制系统仿真模型建模方法，对比分析实际电机模型与理想电机模型分别在 PWM 逆变器、理想电压源作用下的电流谐波变化、分布情况，揭示高速永磁同步电机空间/时间谐波影响因素对电流频谱分布的影响规律。

此外，为获得高速永磁同步电机高频损耗优化抑制准则，需要对高速永磁同步电机高频损耗随谐波电流幅值、频率的变化规律进行研究。本文提出任意次电流谐波作用下的高频损耗有限元计算方法，对不同电流源激励作用下高频损耗变化规律进行分析，获得定子铁心损耗和转子涡流损耗随着谐波电流幅值、频率的变化规律，进而得到不同拓扑结构对于高频损耗的影响变化规律，为专用驱动器拓扑结构以及开关频率选择提供理论依据。

29. 要对一种现象或者过程建模，需要对这一现象或者过程进行观察，进而从特定的应用角度出发，捕捉到这一现象或过程最重要的特点，转换为较为接近、但足够全面的模型。建模需要一个概括化的过程，就是说将要研究的现象放在相似现象的环境中进行观察，以提取共同特征。一般而言，主要的建模方法有两类：一种是用黑盒模型，要观测对一些已知输入信号响应的进程行为，根据观测结果来建模；另一种是根据建模目标系统的已知信息建模（例如，围绕行为规律的建模）。第二种方法不仅可以用于物理过程的建模，还可以用于生物、经济甚至社会系统的建模。也可以混合使用这两种方法，就是所谓的“灰箱模型”。电力电子变换器将采用“信息”方法建模，意味着会采用关于目标变换器已有的物理知识来进行模型表述。一般来说，关于系统的物理知识最终将推导至质量和能量守恒定律的数学描述，因此，系统内能量积累的变化会采用所谓的状态变量来描述。就功率变换器而言，信息体现为变换器电路的基尔霍夫定律、不同负载的欧姆定律，最终体现为各种固态开关的状态。

30. 在大功率应用中，有一种被称为中逆变器（NPC）的电压源型/电压刚性型逆变器正变得越来越重要。中逆变器有一个零直流电压的中性点，可以连接到相输出端，这样逆变器各相桥臂可连接到三种电平之一。这种配置的好处是，其任一开关仅须承受直流环节电压的一半(6个中间抽头的二极管也是如此)，只是三电平逆变器的开关数目是两电平逆变器的2倍。但是，三电平逆变器需要保证构成直流环节的两个串联的电容电压平衡，而在两电平逆变器中是没有这一问题的。要解决这个问题，一种方法是将每一个电容都连接各自的隔离直流电源(例如，由变压器的副边绕组接二极管桥供应电力)。另一种解决方法是用反馈控制来平衡两个电容的电压。在此情况下，可以通过调节每一个逆变器桥臂停留在中性点的时间，从而使得流入中性点的平均电流为零。为了产生3个电平，在任一时刻要控制每相桥臂里4个开关中只有2个导通。

31. 通用平均模型(GAM)是获得大信号变换器模型的精确工具，还可以在接近开关周期小时间刻度内重复动态行为。GAM模型很灵活，即使频率改变微小也可以适用。当然，为了保证误差在可接受范围内，这种频率改变必须慢于系统动态变化。对于不对称的变换器，GAM模型也是有效的。但是，不能证明模型精度提高是由于附加变量增加、组成复杂而致。有多种场合可以应用这些模型，例如：

(1) 稳态分析：实际上稳态方法是一阶分量模型的经典方法(正弦稳态)。在这种情况下，运用GAM模型容易获得结果，因为一旦建立该等效图，必须只应用电路的经典控制方法。由于GAM模型简洁，使得GAM模型比相平面模型更具有吸引力。获得了系统解析表达式后，就可以分析与给定参数有关的增益灵敏度(开关频率、负载等)，只是需要考虑到谐振电路中的阻尼。

(2) 动态分析：良好的动态精度可以确保很好地描述输入—输出动态，也可以很好地描述系统内部动态。GAM模式具有这种特点，就可以至少作为与大信号模型相似的分析工具。小信号模型可以基于连续模型建立，不用太烦冗、复杂的计算方法，这样也足以在平衡点附近区别于大信号模型。

32. 对于电流模控制，两个系统环路增益由系统的不同位置限定，共同提供了有关反馈控制器内部结构的有用信息。然而，对于两个环路增益来说，其信息内容是非常不同的，因此在动态分析和控制设计中，两个环路增益的作用是截然不同的。这种情况与电压模控制的情况形成鲜明对比，因为电压模控制中仅存在一个系统环路增益，其环路增益和闭环性能之间的关系是直接的、明确的，因此环路增益分析是直接的。

对于电流模控制，环路增益分析相当重要，因为环路增益和闭环性能之间的关系是间接的、隐性的。此外，对控制设计来说，两个环路增益的贡献是非常不同的。读者可能会将电流模控制的环路增益特性与电压模控制的环路增益特性进行比较，但作这种比较必须要小心，因为直接比较环路增益并不能提供有关变换器性能或控制设计正确性的一致信息。实际上，电压模控制的环路增益似乎优于电流模控制的外环增益。但是，这并不意味着电压模控制优于电流模控制，而是表明：这两个回路增益的外部信息应当区别对待、小心处理，需要考虑与各自变换器系统闭环性能的关系。

33. 这类方法有个共同特征：优化计算过程都是在个人计算机或大型机上离线完成。计算结果是一系列的开关角度，而这些开关角度是调制指数 M 的函数，存储在 PWM 控制器中或 EPROM 的存储器中。通过实时访问这些存储的开关角度，就能确定变换器的优化开关角度。由于这些开关角度与基波分量同步，谐波频谱不会包含次谐波成分。脉冲开关一直在同步状态工作，因此当频率下降时，为了保持良好的波形质量，每个周期内开关脉冲数目一定会以离散的方式发生变化。随着需要计算的开关角度的数目增加，计算开关角度所需的计算量会急剧增大，所以针对这类方法，通常会再结合自然采样或规则采样的方式，在基波频率低频段上实现方法优化。虽然这类优化方法具有优势，但是由于在时间、计算量以及计算资源上会有费用，这样就不能应用于许多低成本的场合。不过，将优化方法与规则采样相结合可以得到一种接近低成本的方法。

34. 这里将 DC-DC 变换器的性能分为两类：静态性能和动态性能。静态性能将 DC-DC 变换器表征为静态电压源，包括输入输出电压转换比和功率负载能力，仅由功率级决定，与反馈控制器无关。第二类性能为动态性能，将 DC-DC 变换器表征为闭环控制动态系统。最重要的动态性能是稳定性，DC-DC 变换器应建立周期性稳态工作，以产生所需的输出电压。当引入一定的干扰时，变换器可能暂时偏离其稳态工作，但是当干扰消失时，变换器总是能够返回到原始工作点工作。只有当变换器满足稳定性要求时，动态性能才能得以体现。另一个重要的动态性能是阶跃负载响应。无论负载电流发生什么变化，稳定的 DC-DC 变换器提供固定的稳态输出电压。当负载电流发生阶跃变化时，变换器的输出电压在返回到其稳态值之前会出现跃迁偏移。跃迁输出电压响应称为阶跃负载响应。当采用数字逻辑电路作为负载时，阶跃负载响应尤为重要。

35．主动磁悬浮轴承由电磁线圈、悬浮转子、位置传感器以及用于转子定位的动作线圈电流控制器组成。磁悬浮轴承的电磁线圈通常为多个，安装于转子周围提供支撑力，使高速旋转的主轴保持悬浮并能够承受一定的冲击载荷。设计转子时通常会调整转子的钢结构外形，充分利用磁感线形状，使线圈提供的电磁力尽可能大，确保转子在可能的冲击载荷下稳定悬浮。一组完整的磁悬浮轴承装有两组共八个电磁线圈，下方一组四个线圈合力向上支撑转子，上方一组四个线圈合力向下压紧转子。电磁铁产生的磁场与线圈绕组匝数 N 和线圈导线电流 I 成比例。电磁铁的安匝数乘积 NI 也被称为磁动势(MMF)。

36．旋转磁场切割静止的导体线圈可以产生单相交流电压，如果三个独立线圈在空间中相隔 120°分布，则磁场切割导体线圈时会产生三项相位差为 120°的交流电压，即三相电。相对于单相电，三相电有三个方面的优势。第一，三相电动机的额定功率和三相变压器的额定容量比同尺寸的单相电动机或变压器大 150%左右。第二，单相电路传递的功率会产生脉动，且每个周期三次降为 0，三相电路传递的功率也会产生脉动，但不会降为 0。第三，相同功率下，对称的三相电路导线用量只有单相两线电路的 75%，可以抵消一部分三相电路增加的第三根导线的成本。将三相绕组的端点连接在一起，即形成星形连接，其线电压比相电压大$\sqrt{3}$(1.732)倍，线电流和相电流相同。

37．图 1-30、图 1-31 和图 1-32 分别显示了四电平、五电平和七电平的二极管钳位式逆变器的相桥臂电压、线—线相电压和线—中性点相电压的开关波形。为消除低次谐波，图中各相桥臂均在不同的电压电平之间适时切换，随着逆变器电压电平数增加，开关波形的质量将会明显地逐步提高，但无论电平数为多少，当前电路拓扑中各开关器件所承受的阻断电压均为 VDC，因此可以使用低能耗、高性能的绝缘栅晶体极管(IGBT)控制工作在交流中压范围(2～13.2 千伏)内的逆变器。如果电路开关器件通过二极管与不同直流电平相连，则二极管所承受的阻断电压并不全为 VDC，有些会达到$(k-2)$VDC，k 为电平数($k\geqslant 3$)，所以必须解决二极管阻断电压的问题。目前，电平数大于 5 的逆变器是不太实用的，因此我们可以串联二极管降低阻断电压，但采用该方法要注意各串联器件的均压。另外，随着电平数的增加，串联开关器件的数目也相应增加，开关的导通损耗明显地等比例增加，但额定功率也按照同样的速度增加，因而逆变器的效率不受串联开关数目的影响，大致上保持不变。

38. 如图 1 所示 DAB，左侧为输入端，右侧为输出端，用单向二极管替换双向功率开关可以抑制电路的循环电流。其中，如图 1(a)电桥，关闭次级支路的任意电源开关即可阻断次级电路的循环电流；如图 1(b)接法，在干路增加功率开关器件 S_p 和 S_s，则可以同时阻断初级电路和次级电路的循环电流。这两种方式虽然简便易行，但阻碍了自动双向潮流，电路的最大输送功率小于原 DAB。此外，图 1(b)所示电路还有额外的传导和开关损耗，并且需要仔细调制电路，释放电感电流。采用介于全桥和半桥之间的混合桥，使耦合附近的实际电压增益也可以降低循环电流。图 2 为电路工作原理矢量图，由 i_L、V_{ab} 和 V_{cd} 三个基本分相量组成。对比图 2(a)和图 2(b)发现，若电路的输出功率相同，两种电路的电压增益 M 分别为 0.5 和 1，当 θ 和 $|(V_{ab})|$ 较大时，图 2(a)所示电路的循环电流将远大于图 2(b)。

图 1(图略)：使用单向二极管抑制循环电流的典型电路

图 2(图略)：具有相同输出功率电路的向量原理图

附录 2　电气工程专业术语中英文对照表

aberration	畸变
AC asynchronous motor	交流异步电动机
AC controller	交流控制器
AC distribution circuit	交流配电线路
AC electronic switch	交流电子开关
AC electronic voltage stabilizer	交流电子稳压器
AC frequency converter	交流变频器
AC low voltage switchboard/distribution panel	交流低压配电屏
AC motor	交流电动机
AC phase sequence	交流电的相序
AC power controller	交流调功电路
AC source	交流电源
AC voltage controller	交流调压电路
AC welding machine	交流电焊机
AC-AC frequency converter	交-交变频电路
acceleration	加速度
accumulator battery with tap-changers	带接换装置的蓄电池组
AC-DC tong ammeter	交直流两用钳形电流表
active	有功的，有源的
active filter	有源滤波器
active power	有功功率
active power filter	有源(电力)滤波器
active power meter, kilowatt meter	有功功率表
active two-terminal network	有源二端网络
adapter	过渡接头
adding counter	加法计数器

续表

adjustable frequency motor	变频电动机
admittance	导纳
ageing test	老化试验
air circuit-breaker	空气断路器
air-cored	空心的，无铁芯的
air gap	气隙
air gap length, clearance in air, length of air gap	气隙长度
alternating/direct current	交/直流
alternating current (AC)	交流电
alternating current circuit	交流电路
alternating current component	交流分量
alternating current path	交流通路
alternating field	交变磁场
alternation	交变，变换
aluminum cell arrester	铝避雷器
ammeter	电流表
ampere	安培
Ampere's law	安培定律
Ampere's right-hand screw rule	安培右手螺旋定则
ampere-turn	安匝(数)
amplifier	放大器
amplifier region	放大区
amplitude-frequency characteristic	振幅频率特性
amplitude-frequency response characteristic	振幅频率响应特性
analog-digital converter (ADC)	模拟数字转换器
analog signal	模拟信号
analogy	模拟，类似，类比
AND gate	与门
angle	角，角度
angle of inclination	倾斜角
angular displacement	角位移
angular frequency, radian frequency	角频率

续表

angular velocity	角速度
anode	阳极
anticorrosive oil	防腐油
antilog amplifier	反对数放大器
aperiodical	非周期性的，非调谐的
apparatus capacity	设备容量
apparent power	视在功率
appliance	设备，用具，装置，仪表
armature	电枢，衔铁，引铁
armature core, armature iron	电枢铁芯，衔铁
armature loop	电枢回路
armature reaction	电枢反应
armature reaction reactance	电枢反应电抗
armature winding	电枢绕组
arrangement plan of frames inside the cabinet	箱内框架布置图
artificial grounding	人工接地
astable oscillator	无稳态振荡器
asymmetrical	非对称的
asynchronous	异步的，非同步的，非同期的
asynchronous counter	异步计数器
asynchronous motor	异步电动机
attenuation	衰减
attenuation process	衰减过程
audion	三极管
autolocking	自锁
automatic switch	自动开关
automatic switch box	自动开关箱
autotransformer, auto-transformer	自耦变压器
auto-valve arrester	自动阀型避雷器
auxiliary power source	辅助电源
auxiliary relay	中间继电器
auxiliary relay for control supply	控制电源中间继电器

续表

average value	平均值
avometer	万用表
back electromotive force，counter electromotive force	反电动势
back view	背视图
back wiring,diagram	背部接线图
backward bias	反向偏置
bakelite	电胶木
balancing	平衡
ballast	镇流器
band-pass filter	带通滤波器
band-stop filter	带阻滤波器
bandwidth（BW）	带宽
bar-conductor	导体,线棒
base	基极
base active power，rated output power	额定输出功率
battery panel	蓄电池屏
battery room	蓄电池室
bearing	轴承
bearingless motor	无轴承电动机
bench drilling machine	台式钻床
Bessel filter	贝塞尔滤波器
bidirectional shift register	双向移位寄存器
bidirectional thyristor	双向晶闸管
binary	二进制
binary coded decimal（BCD）	二十进制
binary number	二进制数
bipolar junction transistor（BJT）	双极性结型晶体管
bistable flip-flop	双稳态触发器
bituminous varnish	沥青清漆
blow-out current	熔断电流
Bode diagram	波特图
Boolean algebra	布尔代数

续表

boost converter	直流升压变换器
brace for lightning rod	避雷针拉铁
bracket-supported plug-in bus way	装在支架上的插接式母线
brake	制动器
brake torque，restraining torque	制动力矩
branch	支路
branch current analysis	支路电流法
branch line	支线
breakage signal of trip circuit	掉闸回路断线信号
breakdown voltage	耐电压
breakdown voltage，disruptive voltage	击穿电压
bridged impedance	桥接阻抗
brush	[名]电/炭刷;[动]刷,刷掉
brush spark	电刷火花
brushless	无电刷的
brushless DC motor	无刷直流电动机
brushless doubly-fed machine	无刷双馈电机
brushless synchronous motor	无刷同步电机
buck-boost converter	降压-升压变换器
buck converter	降压变换器
bus bar	母线
bus ground	母线接地
bus tie cabinet	母线联络柜
bushing	套管
busway	母线槽
Butterworth filter	波特沃斯滤波器
button	按钮
buzzer	蜂鸣器
bypass capacitor	旁路电容
bypass switch	旁路开关
cable bridge	电缆桥架
cable compound	电缆膏

续表

cable fault detector	电缆故障探测仪
cable hanger	电缆吊架
cable hook-up diagram	电缆联系图
cable laying diagram	电缆敷设图
cable protective pipe across a pipeline	电缆穿管与管道交叉
cable running across heat pipeline	电缆与热力管道交叉敷设
cable running parallel to a water supply pipe	电缆与水管平行
cable suspension	悬索
cable trench	电缆沟
cage	笼子,笼状物
calculating current	计算电流
calculating device	计量装置
calculating voltage	计算电压
capability	容量,生产率,可能的输出功率
capacitance	电容(量)
capacitive load	容性负载
capacitive reactance	容抗
capacitor	电容(器)
capacitor filter	电容滤波器
carbon brush	炭刷
carcase, carcass	机壳,机座
carrier	载流子
cartridge fuse	管式熔断器
cascade-connected	级联的,串级的
casing leak, body leakage	机壳漏电,外壳漏泄
cathode	阴极
ceiling-mounted lighting fitting	天棚灯
center frequency	中心频率
chain winding	链式绕组
characteristic	特性
charge	电荷
charging	充电(作用)

续表

charging panel	充电屏
Chebyshev filter	切比雪夫滤波器
choke (coil)	扼流线圈
chopper circuit	斩波电路
circuit	电路
circuit diagram	电路图,线路图
circuit element	电路元件
circuit for closing valve	关(闭)阀回路
circuit for opening meter	开度计回路
circuit for opening valve	开阀回路
circuit model	电路模型
circuit No.	回路编号
circuit parameter	电路参数
circuit schematic diagram	电路原理图解
circuit to starting device	主启动设备回路
circular current	环(电)流
class A power amplifier	甲类功率放大器
class B push-pull power amplifier	乙类推挽功率放大器
clear	清除,清零
clock pulse	时钟脉冲
close coil	合闸线圈
close position relay	合闸位置继电器
closed-loop gain	闭环增益
closing circuit	合闸回路
closing power source bus	合闸电源母线
coder	编码器
coefficient	系数
coercive force	矫顽力
cogging	齿槽效应
coil	线圈
coil side	线圈边
coil unit	线圈组,线圈单元

续表

collector	集电极
collector ring, collective ring	集电环
combination logic circuit	组合逻辑电路
combination starter	综合起动器
common-drain amplifier	共漏极放大器
common-emitter amplifier	共射极放大器
common-mode gain	共模增益
common-mode interference	共模干扰
common-mode rejection ratio (CMRR)	共模抑制比
common-mode signal	共模信号
common-source amplifier	共源极放大器
commutation	换流,换相
commutation period	换向/相周期
commutative	换向的,可交换的,代替的,对易的
commutator,electric commutator	换向器,整流器
commutator segment, commutator sector, commutator bar	换向片
comparator	比较器
compartment	套间
compensating conductor	补偿导线
compensation	补偿
complex impedance	复数阻抗
component	元件,组件,部件
compound generator	复励发电机
concentration	浓度
condenser	电容器
conduct	传导
conduction	传导,导通,电导
conduction angle	导通角
conductive earth	接地,导电土壤
conductivity	传导性
conductor	导体,导线
conductor type,cores,section & diameter of conduit	导线型号、芯数、截面及管径

续表

conductors turning down	导线引下
conductors turning from above	导线由上引来
conductors turning from below	导线由下引来
conductors turning up	导线引上
conduit length	管长
configuration	构造
confriction	摩擦(力)
connecting clamp	断接卡
connecting link	连接片
connecting strip	连接条
console	控制台
constant	常量
constant-current source	恒流电源
constant-horsepower drive	恒功率驱动
constant-torque drive	恒转矩驱动
consumed power	消耗功率
contact	触点(触头)
contact diagram of transfer switch	转换开关接点图
contact for semigraph signal	模拟信号触点
contactor	接触器
contents of electric drawings	电气图纸目录
continuous capacity	长期载流量
continuous load	连续负荷
continuous operating	连续运行,不间断工作
control cabinet	控制箱
control circuit	控制电路,控制回路,控制线路
control device	控制装置
control principle diagram	控制原理图
control principle diagram No.	控制原理图号
control push-button	控制按钮
control room	控制室
control signal	控制信号

续表

control supply	控制电源
control trip	控制掉闸
converter technique	变频技术
cooling	冷却
coordinate conversion	坐标转换
coordinate transformation	坐标变换
copper loss	铜耗
copper sheet	铜片
core loss	铁耗，铁芯损耗
core stamping	铁芯冲片
correction factor	校正系数
counter	计数器
coupled field	耦合场
coupling	联结，耦合，连接
coupling capacitor	耦合电容
critical	临界的，处于转折状态的，极限的，危急的
critical current	临界电流
critical voltage	临界电压
cross connection of wires	互相连接的导线
cross section area	（横）截面（积）
crossing wires not in contact with each other	不连接的跨越导线
crossover distortion	交越失真
crystal	晶体
Cuk converter	丘克变换器
current	电流
current amplification coefficient	电流放大系数
current carrying capacity	载流能力，最大允许电流，载流量
current coil	电流线圈
current-conducting	导电的
current density	电流密度
current-measuring circuit	电流测量回路

续表

current relay	电流继电器
current source	电流源
current source inverter (CSI)	电流(源)型逆变电路
current transformer	电流互感器
cut-off	截止
cut-off distortion	截止失真
cut-off frequency	截止频率
cut-off region	截止区
cycle	循环
cycloconverter	周波变流器,周波变换器
D flip-flop	D 触发器
damp,buffer	缓冲
damper	挡板
damper winding,amortisseur winding	阻尼绕组
damping	阻尼
data	数据,资料
DC chopper	直流斩波器
DC distributing panel	直流配电屏
DC distribution circuit	直流配电线路
DC leakage	直流泄漏
DC main bus	直流主母线
DC motor	直流电动机
DC positive and negative poles	直流电的正负极
DC single-arm electric bridge, DC Wheatstone bridge	直流单臂电桥
DC source	直流电源
DC switchboard/distribution panel	直流配电屏
DC-AC-DC Converter	直流-交流-直流电路
DC-DC Converter	直流-直流变换器
decibel (db)	分贝(电平单位)
decimal	十进制
decoder	译码器
decomposition	分解

续表

decouple	分离
definite time relay	定时限继电器
definition	定义，确定，限定
delay circuit	延迟电路
delayed shutdown	延时停车
delayed shutdown circuit	停车延时回路
demagnetization	去磁，退磁，灭磁
density	密度，浓度
depletion mode MOSFET (D-MOSFET)	耗尽型 MOS 场效应管
developed diagram	展开图
diagonal slot, tapered slot, skewed slot, beveled slot	斜槽，斜沟，梯形槽
diagram of terminal connections	端子接线图
dielectric loss angle	介质损失角
dielectric sheets	介电原片
diesel	柴油机
diesel generator	柴油发电机
difference frequency	差频
differential amplifier	差动放大器
differential current relay	差流继电器
differential mode signal	差模信号
differential protective circuit	差动保护回路
differential relay	差动继电器
differentiating circuit, differentiator (circuit)	微分电路
diffusion	扩散
digital-analog converter (DAC)	DA 转换器
digital signal	数字信号
diode	二极管
diode clamping	钳位
direct axis	直轴，纵轴，顺轴
direct coupled amplifier	直接耦合放大器
direct current (DC)	直流
direct current circuit	直流电路

续表

direct current component	直流分量
direct current path	直流通路
direct lightning stroke	直接雷击
direct on-line starting, line start	直接起动,全电压起动
direct-reset terminal	直接复位端
direct-set terminal	直接置位端
direct torque control	直接转矩控制
disc machine	盘式电机
discharge current, discharging current	放电电流,泄漏电流
display	显示器
distortion	畸变,失真
distributed parameter	分布参数
distributed winding	分布绕组
distribution cabinet	配电箱
distribution room	配电室
doped semiconductor	掺杂半导体
double-fed asynchronous machine	双馈电式异步电机,定转子供电的异步电机
double-salient reluctance motor	双凸极磁阻电动机
down lead	支架夹板
down-lead, down conductor	引下线
drain	漏极
drift	漂移
drive	驱动
drive circuit, driving circuit	驱动电路
drive motor	驱动电动机,拖动电动机
drive way	车道
dual-voltage motor	双电压电动机
dynamic resistance	动态电阻
earth circuit, ground circuit	接地电路
earth conductor	接地导线,地导体
earth electrode/pole	接地极

续表

earth resistance	接地电阻
earthed circuit	接地回路
earthing relay	接地继电器
earthing resistance tester	接地电阻测量仪
economic indicator	经济指标
eddy current	涡流
edge connector	边缘连接器
effective value	有效值
efficiency	效率
electric charge	电荷
electric circuit	电气线路
electric conduction	电导
electric control panel	电控箱
electric current	电流
electric demand	需要容量
electric discharge	放电
electric drive	电气传动,电力拖动
electric dust cleaner	电吹尘器
electric energy, electrical energy	电能
electric equipment	用电设备
electric excitation, field excitation, excitation	励磁,激磁
electric field, electrical field	电场
electric field intensity, electric field strength	电场强度
electric furnace	电炉
electric generator, generator	发电机
electric hand drill	手电钻
electric leakage, electrical leakage	漏电
electric machine	电机
electric motor winding	电动机绕组
electric network	电网(络)
electric potential, potential	电势,电位
electric power layout plan	电力平面布置图

续表

electric power station, electric power plant	发电厂,电站
electric power system diagram	电力系统图
electric power transmission	输电,电力传输
electric resistance, resistance	电阻,电阻器
electric second-meter	电动秒表
electric shock	触电
electric source, power supply	电源
electric standard drawing	电气标准图
electric wire	电线
electric working drawing	电气施工图
electrical conductivity, electro-conductivity	电导率,导电性
electrical engineering	电气工程,电工学,电机工程
electrical infrastructure	电气基础设施
electrical installation	电气安装技术
electricity	电,电学
electrodynamic relay	电动式继电器
electromagnetic compatibility (EMC)	电磁兼容性,电磁适应性
electromagnetic device	电磁装置
electromagnetic field	电磁场
electromagnetic force	电磁力
electromagnetic relay	电磁式继电器
electromagnetic torque	电磁转矩
electromagnetic valve	电磁阀
electromagnetic wave	电磁波
electromagnetism	电磁,电磁学
electromechanical	机电的
electromechanical coupling	机电耦合
electromotive force (EMF)	电动势
electronic relay	电子继电器
electrostatic field	静电场
electrostatic induction	静电感应
elementary slot	虚槽

续表

emergency lighting circuit	事故照明线路
emergency lighting fitting	事故照明灯
emergency power supply，electric source	保安电源
emergency shutdown at substation	变电所紧急停车
emergency stopping push-button	事故紧急按钮
emery wheel grinder	砂轮机
emitter	发射极
emitter-follower	射极跟随器
empirical formula	经验公式
enamel varnish	瓷漆
enameled cable	漆包电缆
enameled high bay lighting fitting	搪瓷深照型灯
end ring	端环
end shield，end cover，end bracket	端盖
ending	终点
energizing current	激励电流，励磁电流
energizing voltage	激励电压，励磁电压
enhancement mode MOSFET (E-MOSFET)	增强型 MOS 场效应管
epoxy resin	环氧树脂
equalizer	均压线
equally-spaced	等距(布置)的
equations set	方程组
equivalent circuit	等效电路，等值电路
error	误差
even harmonic，even-order harmonic	偶次谐波
even parity check	偶数奇偶校验
excitation	激励，激发，励磁
excitation current，exciting current	励磁电流
excitation generator	励磁发电机
excited	励磁的，激励的，激发的
excited winding	激磁绕组
exciter	励磁机

续表

exciting circuit	激磁回路
exciting voltage, field voltage	激磁电压，励磁电压
exclusive-OR gate	异或门
existing circuit	现有回路
explosion-proof control push-button	防爆控制按钮
explosion-proof lighting fitting	隔爆灯
explosion-proof lighting switch	防爆照明灯开关
external/outside wiring diagram	外部接线图
factor	系数，因数，因子
falling out of synchronism	失步
fan speed regulator switch	风扇变速开关
farad	法拉
fast recovery diode (FRD)	快恢复二极管
fast switching thyristor (FST)	快速晶闸管
fault current	故障电流
fault in excitation	励磁故障
fault in process	工艺故障
fault signal in manual/automatic operation	手动、自动操作时事故信号
fault trip signal of breaker	断路器事故掉闸信号
feedback path	反馈通道
feeder circuit	馈路
feeding	馈电
ferromagnetic material	铁磁材料
ferrous metal	黑色金属
field	场
field coenergy	磁场（共）同能（量），电场（共）同能（量）
field controlled thyristor	场控晶闸管
field effect transistor (FET)	场效应晶体管
field intensity, field strength	场强，电场强度，磁场强度
field-loss, loss of field	失磁的
field suppression	灭磁

续表

filament voltage	灯丝电压
filler，packing	填料
filling agent	填充剂
filter	滤波器
filter circuit	滤波电路
finite element analysis	有限元分析
finite element method（FEM）	有限元法
first-order circuit	一阶电路
first-order filter	一阶滤波器
first winding	初级绕组，原边绕组
555 timer	555 定时器
fixed resistance	固定电阻（器）
fixing down lead	引下线固定
flashing-bus	闪光母线
flashing device	闪光装置
flashing miniature bus	闪光小母线
flashing-signal circuit	闪光信号回路
flexible metal tube	金属软管
floating panel	浮充屏
flood-light，projection light	投光灯
flush-mounted single-pole toggle switch	暗装单极板钮开关
flush-mounted 2-pole receptacle	暗装双极插座
flush type fluorescent lighting fitting	嵌入式荧光灯
flux	通量
flux density	磁感应强度
flux-weakening control	弱磁控制
forced cooling	强迫冷却
forward bias	正向偏置
forward converter	正激变换器
four-layer	四层
Fourier series	傅里叶级数
Fourier transform	傅里叶变换

续表

free electron	自由电子
frequency	频率
frequency band	频带
frequency characteristic	频率特性
frequency conversion	变频
frequency domain analysis	频域分析
frequency inverter	变频器
frequency meter	频率表
frequency response	频率响应
frequency response characteristic	频响特性(曲线)
frequency sensitive rheostat	频敏电阻器
front view	正视图
full-adder	全加器
full-bridge circuit	全桥电路
full-bridge rectifier	全桥整流电路
full load	满载
full-pitch winding	整距绕组
full-wave rectifier circuit	全波整流电路
fundamental magnetization curve	基本磁化曲线
fuse	熔断器
galvanized gas pipe	镀锌煤气管
galvanized steel angle	镀锌角钢
galvanized steel strap	镀锌扁钢
galvanoscope	验电流器
gas-pressure relay	气压继电器
gas relay	瓦斯继电器
gate	门电路
gate turn-off thyristor (GTO)	可关断晶闸管
Gauss theorem	高斯定理
general purpose diode	普通二极管
germanium diode	锗二极管
giant transistor (GTR)	电力晶体管

续表

globe lamp	圆球型灯
goose-neck light	弯灯
goose-neck post lamp, pole lamp	立杆弯灯
grade level	地坪
graphic symbols for electric system	电工系统图图形符号
grid	栅极
ground connector	接地线
ground fault, earth fault	接地故障
ground protection, earth protection	接地保护
ground(ing) main (bus)	接地干线
grounding copper wire	接地铜线
grounding device, earthing device	接地装置
grounding for lightning	防雷接地
grounding main line	接地干线
grounding network, earthing network	接地网
grounding or neutralizing circuit	接地或接零线路
grounding signal circuit	接地信号回路
grounding system, earthing system	接地系统
grounding with grounding electrodes	有接地极的接地线路网
guard type surface-mounted 3-phase 4-pole receptacle	防护式明装三相四孔插座
guard type switch	防护式开关
H. P. mercury fluorescent lighting fitting	高压水银荧光灯
H. V. disconnecting switch	高压隔离开关
H. V. distribution room	高压配电室
H. V. load break switch	高压负荷开关
H. V. switchgear	高压开关柜
H. V. testing transformer	高压试验变压器
half-adder	半加器
half-bridge circuit	半桥电路
half-wave rectifier	半波整流
harmonic	谐波
heat emission, heat sink, heat removal	散热,放热

续表

heavy gas prewarning signal	重瓦斯预告信号
heavy gas protection	重瓦斯保护
hermetic lighting switch	密闭照明灯开关
hermetic packet type switch	气密式组合开关
hertz	赫兹
hexadecimal	十六进制
high bay lighting fitting	深照型灯具
high frequency	高频
high frequency power supply	高频电源
high order	高阶，高位
high order harmonic，ultra harmonic，upper harmonic	高次谐波
high-pass filter	高通滤波器
high pressure mercury vapor lighting fitting	高压水银灯
high-voltage，high-tension	高压
high-voltage switch，high-tension switch	高压开关
holding contact	保持触点
hole	空穴
hollow	空心的，中空的
hook-supported plug-in bus way	装在吊钩上的插接式母线
hookup	接线图
horn	电喇叭
horn arrester	角形避雷器
housing，frame	机座，外壳，机壳
human machine interface	人机界面
hyposynchronous	次同步的，低于同步的
hysteresis，magnetic hysteresis，magnetic retardation	磁滞（现象）
hysteresis comparator	迟滞比较器
IC（voltage）regulator	集成稳压器
ideal current source	理想电流源
ideal transformer，perfect transformer	理想变压器
ideal voltage source	理想电压源
impedance	阻抗

续表

impedance angle	阻抗角
impulse current, rush current, stroke current	冲击电流
impulse voltage, surge voltage	冲击电压,浪涌电压
incandescent lamp	白炽灯具
incidence	入射
incident wave	入射波
incoming line panel	进线屏
incorporated	合成一体的
indication of operation	运转指示
indication of synchronism	同步指示
indication of throw-in	投入指示
induced current	感应电流
induced emf	感应电动势
inductance	电感,感应系数,感应现象
inductance coil, induction coil	电感线圈
induction	感应,感应现象
induction lightning stroke	感应雷击
induction motor	感应电动机
induction voltage regulator	感应调压器
inductive load	电感负荷
inductive reactance	感抗
inductive winding	电感绕组
inductor	电感(器,线圈)
inductor filter	电感滤波器
inertia, inertance	惯性,惯量,惰性
inherent, natural	固有的,原有的,先天的,内在的
initial phase	初相位
initial subtransient short-circuit current	起始次暂态短路电流
inner rotor, internal rotor	内转子
input	输入
input impedance	输入阻抗
input power	输入功率

续表

input resistance	输入电阻
inspection hole lamp	视孔灯
installed capacity	设备容量
instantaneous	瞬间的
instantaneous power	瞬时功率
instantaneous value	瞬时值
instrument trunking	仪表槽板
instrumental voltage transformer	仪用电感互感器
instrumentation amplifier	仪表放大器
insulated-gate bipolar transistor (IGBT)	绝缘栅双极晶体管
insulated wire	绝缘电线
insulating compound	绝缘膏
insulating material	绝缘材料
insulating paint, insulating varnish, insullac	绝缘漆
insulating strength	绝缘强度
insulating tape	绝缘胶带
insulation	绝缘,绝热,隔离
insulation deterioration	绝缘损坏
insulation resistance	绝缘电阻
insulation supervision	绝缘监视
integrating circuit (IC)	集成电路,积分电路
integrator (circuit)	积分电路
intelligent power module (IPM)	智能功率模块
interference	干扰
interference channel	干扰信道
interleaved	交叉
interlinkage flux	交链磁通,磁链
interlock relay	联锁继电器
interlock switch	联锁开关
interlocking	联锁
intermediate relay	中间继电器
internal resistance	内电阻

续表

internal/inside wiring diagram	内部接线图
interrupting capacity	遮断容量
interturn	匝间的
intrinsic semiconductor	本征半导体
inverse current	逆电流
inversion	逆转
inverter	反相器,逆变器
irreversible change	不可逆变化
isolation amplifier	隔离放大器
isolation transformer	隔离变压器
J-K flip-flop	J-K 触发器
joule	焦耳
jumper	跨接线
junction box	接线盒,连接箱
junction field-effect transistor (JFET)	结型场效应晶体管
Karnaugh map	卡诺图
Kirchhoff's current law (KCL)	基尔霍夫电流定律
Kirchhoff's law	基尔霍夫定律
Kirchhoff's voltage law (KVL)	基尔霍夫电压定律
knife switch	刀(形)开关
ladder diagram	梯形图
lag	滞后
lamp holder	灯座
law of electromagnetic induction	电磁感应定律
law of energy conservation	能量守恒定律
law of switch	换路定理
LC oscillator	LC 振荡器
lead	导线
lead in	引入线
leakage current	泄漏电流
leakage field	漏磁场
leakage flux, magnetic leakage flux, leakage magnetic flux	漏磁通

续表

leakage inductance	漏电感
leakage reactance	漏磁电抗
leakage testing transformer	漏电试验变压器
left-hand rule	左手定则
level	电平
light-emitting diode (LED)	发光二极管
light load	轻负荷(轻载)
light triggered thyristor (LTT)	光控晶闸管
lighting distribution box	照明配电箱
lighting layout plan	照明平面布置图
lighting main line	照明干线
lighting system diagram	照明系统图
lighting transformer	照明变压器
lighting voltage	照明电压
lightning and thunder probability	雷电或然率
lightning arrester, surge diverter	接闪装置,避雷器
lightning protector	避雷装置
lightning rod	避雷针
lightning rod support	避雷针支架
lightning stroke	雷击
limit effective current	极限有限电流
limit switch	行程开关
limited load	限定负荷
line	线路
line current	线路电流
line voltage	线路电压
linkage	交链,耦合
list of equipment and materials	设备材料表
list of wire, cable and conduits	电气管线表
live circuit	有电压的电路
load, loading	负荷,负载
load admittance	负载导纳

续表

load calculation	负荷计算
load current	负载电流
local lighting fitting	局部照明灯
local lighting transformer	局部照明变压器
local overheating	局部过热
load resistance	负载电阻
lock-in synchronism	牵入同步
locked-rotor motor current	电动机堵转电流
log amplifier	对数放大器
logic expression	逻辑表达式
logic function	逻辑函数
logical element	逻辑元件
longtime rating	长时间额定值
loop	回路
loops	线圈
loss	损耗
loss of field	磁场损失
low-pass filter	低通滤波器
low power-factor wattmeter	低功率因数瓦特表
low-voltage, low-tension	低压
low voltage arrester	低压避雷器
lower cut-off frequency	下限截止频率
lumped	集中的
lumped parameter	集中参数
lumped winding, concentrated winding	集中绕组,集中线圈
magnet steel	磁钢
magnetic bearing	磁悬浮轴承
magnetic circuit	磁路
magnetic coenergy	磁共能
magnetic energy	磁能
magnetic field	磁场
magnetic field intensity, magnetic field strength	磁场强度

续表

magnetic field line，magnetic flux line	磁力线
magnetic flux，magnaflux	磁通(量)
magnetic-flux leakage	磁漏，漏磁
magnetic flux line	磁通量线
magnetic flux linkage，magnetic linkage，flux linkage	磁链
magnetic hysteresis loop，hysteresis loop	磁滞回线，磁滞环
magnetic induction，magnetic flux density	磁感应强度
magnetic iron	磁铁
magnetic leakage	漏磁
magnetic material	磁性材料
magnetic permeability，permeability，magnetic conductivity	磁导率，磁导系数
magnetic pole，magnet pole	磁极
magnetic potential drop	磁压降
magnetic pull	磁拉力
magnetic resistance，reluctance	磁阻
magnetic starter	磁力起动器
magnetic starter group	磁力起动器组
magnetic suspension，magnetic levitation	磁悬浮
magnetism，magnetic	磁
magnetization curve，BH curve	磁化曲线，BH 曲线
magnetomotive force (MMF)	磁通势，磁动势
magnitude	幅度
magnitude of alternating current	交流幅值
main bus	主母线
main circuit	主回路
main circuit of electric equipment	用电设备主回路
main field	主磁场
main line	干线
main power circuit	主电路
manual	手动的
manual trip	手动跳闸
master-slave flip-flop	主从型触发器

续表

master switch (controller)	主令开关
match	匹配
matrix	矩阵
matrix converter	矩阵式变频电路，矩阵变换器
maximum effective value of short-circuit current	短路电流最大有效值
measuring instruments	测量仪表
mechanical characteristic	机械特性
medium	介质，媒质
medium frequency power supply	中频电源
medium-power distribution	中压配电
megger, megohmmeter	兆欧表
mesh	网孔
mesh current analysis	网孔电流法
metal-clad switch, iron-clad switch	铁壳开关
metal-oxide semiconductor (MOS)	金属氧化物半导体
metal-oxide-semiconductor field effect transistor (MOSFET)	金属氧化物半导体场效应晶体管
mica	云母
microammeter	微安表
microprocessor	微处理器
milliammeter	毫安表
miniature bus	小母线
miniature bus for fault signal	事故信号小母线
modal	模式的，模态的
model	模型，样品
modeling	建模
moment of force	力矩
moment of inertia	转动惯量
monostable flip-flop	单稳态触发器
MOS controlled thyristor	MOS 控制晶闸管
motor	电动机，马达
motor and soft starters	电机及软起动器
motor management systems	电机管理系统

续表

motor operating mechanism for air circuit-breaker	空气断路器电机操作机构
mounting height	安装高度
mounting pad	安装垫片
movable flexible cable	移动软电缆
multigap arrester	多隙避雷器
multilevel inverter	多电平逆变电路
multimedia show	多媒体展示
multiple earthing	重复接地
multi-point change-over switch	多切点切换开关
multi-range current transformer for measurement	多量程仪用电流互感器
multistage amplifier	多级放大器
name	名称
name plate, rating plate	铭牌,标牌,定额牌
name plate denotation (inscription)	铭牌框注字
N-channel	N 沟道
N-type semiconductor	N 型半导体
NAND gate	与非门
negative edge	下降沿
negative electrode	负极
negative feedback	负反馈
negative phase sequence	负相序,负序
negative pole	负极
network	网络
network of lightning protector	避雷网
neutral	中性的
neutral bus	零母线
neutral line	中性线
neutral point	中性点
neutral point clamped inverter circuit	中点钳位型逆变电路
neutral point grounded	中性点接地
no-load, non-load	空载,无载
no-load characteristic	空载特性,无载特性

续表

no-load loss	空载损耗，空载损失
No. of line	电缆编号
No. of location	位号
no-voltage alarm of working electric source	工作电源失电报警
node	节点
node potential method	节点电位法
noise margins	噪声安全系数
nominal torque, rated torque	额定转矩
nominal voltage, voltage rating, rated voltage	额定电压，标称电压
non-ferrous metal	有色金属
non-linear	非线性的
non-magnetic material	非磁性材料
non-salient pole	隐极
non-synchronous	非同步的
NOR gate	或非门
normal, rated	额定的，标称的
normally closed contact	常闭(动断)触点
normally open contact	常开(动合)触点
Norton's theorem	诺顿定理
NOT gate	非门
NPN transistor	NPN 型晶体管
N-type semiconductor	N 型半导体
number of lamps	灯数
number of receptacles	插座数
numerical control system	数控系统
odd harmonic	奇次谐波
offset current	失调电流
offset voltage	失调电压
ohm	欧姆
Ohm's law	欧姆定律
ohmmeter	欧姆计，电阻表
oil hydraulic jack	油压千斤顶

续表

oil immersed rheostat	油变阻器
oil-immersed transformer, oil transformer	油浸式变压器
oil-proof rubber tubes	耐油橡胶管
on and off of working electric source	工作电源分合闸
one line diagram	单线图
open circuit	开路,断路
open-circuit voltage	开路电压
open loop	开环
open-loop gain	开环增益
open slot	开口槽
opening meter	开度计
operating miniature bus	操作小母线
operational amplifier (op-amp)	运算放大器
OR gate	或门
"Or" switch amplifier	"或"开关放大器
orientate, orientation	定方向,定向
orthogonal transform	正交变换
oscillator	振荡器
outdoor grade	室外地坪
outgoing line sleeve, lead collar	出线套
outlet box	出线盒
output	输出
output capacitorless power amplifier	OCL 功率放大器
output power, watts out	输出功率
output resistance	输出电阻
output transformerless power amplifier	OTL 功率放大器
over current	过电流
over-current protective circuit	过流保护回路
over-current relay	过电流继电器
over-torque protection during opening and closing valve	开或闭超扭矩保护
over (under) voltage	过(欠)电压
overall loss	总损耗

续表

overall voltage gain	总的电压放大倍数
overload ammeter	过载电流表
overload relay	过载继电器
overshoot	过冲
overvoltage，excess voltage	过电压
overvoltage relay	过电压继电器
oxide film arrester	氧化膜避雷器
P-channel	P 沟道
P-type semiconductor	P 型半导体
pad	垫圈
panel No.	屏编号
parallel negative feedback	并联负反馈
parallel resonance	并联谐振
paramagnet	顺磁体，顺磁物质
parameter，rating	参数，规格
partial discharge	局部放电
pass-band	通频带
passive	无源的
passive two-terminal network	无源二端网络
peak current	峰值电流
peak-to-peak value	峰-峰值
per-unit quantity	标幺值
performance	性能
performance parameter	性能参数
periodic(al)，cyclic(al)	周期的，循环的
permanent magnet	永磁体
permanent magnetic motor	永磁电动机
permissible temperature rise	容许温升
phase	相，相位
phase angle difference	相角差
phase current	相电流
phase difference	相位差

续表

phase failure protection	断相保护
phase-frequency characteristic	相频特性
phase inversion	倒相，反相
phase lag	相位滞后
phase lead	相位领先
phase-locked loop (PLL)	锁相回路
phase meter	相位表
phase sequence, sequential order of the phase	相序
phase shift	相移
phase voltage	相电压
phasor	相量
phasor diagram	相量图
photodiode	光电二极管
photoelectric relay	光电继电器
pinch-off voltage	夹断电压
pitch	节距
plastics insulated wire	塑料绝缘线
PLL phase detector	锁相环相位监测器
plug-in connector	插接器
PN junction	PN 结
PNP transistor	PNP 型晶体管
pole	极
pole body	极身
polyacrylic cover	聚丙烯外壳
polyvinyl chloride (PVC)	聚氯乙烯
portable A. C. electric bridge	携带式交流电桥
portable air compressor	便携式空气压缩机
position signal	位置信号
positive edge	上升沿
positive feedback	正反馈
positive phase sequence	正相序
positive pole	正极

续表

post-supported plug-in bus way	装在支柱上的插接式母线
potential	电位
potential difference	电位差
potential transformer	电压互感器
potential transformer cabinet	电压互感器柜
potentiometer	电位器
pothead of cable，cable end	电缆终端头
power	电力，功率，电源，动力
power amplifier	功率放大器
power angle，load angle	功率角
power converter	功率变换器
power diode	电力二极管
power dissipation	电力分散，功耗，功率耗散
power distribution	配电，电力分配
power distribution cabinet	动力配电箱
power electronics	电力电子学，电力电子技术
power factor	功率因数
power factor compensation	功率因数补偿
power factor meter	功率因数表
power frequency	工频，工业频率，电源频率
power frequency withstand voltage	工频耐压
power loss	功率损耗
power relay	功率继电器
power semiconductor device	电力半导体器件
power source，power supply	电源
power storage	储能
power supply	供电
power supply box	供电盘
power supply for process control	自控电压
power supply miniature bus	电源小母线
power system diagram	电力系统图
power transformer	电力变压器

续表

power voltage	电力电压
prewarning bus	预告母线
prewarning signal	预告信号
primary current	初级电流,原电流,一次电流
primary leakage reactance	原边漏抗,一次侧漏抗
primary voltage	一次电压
process automation	过程自动化
process instrumentation and analytic instrument	过程仪表及分析仪器
process item No.	工艺位号
production equipment	生产设备
programmable logic controller	可编程控逻辑制器
programmable ROM (PROM)	可编程只读存储器
protected switch	防护式灯开关
protective device	保护装置,保护设备
protective earthing	保护接地
protective element	保护元件
protective trip	保护跳闸
prototype machine	样机,原型机
proximity effect	邻近效应
pulsating voltage	脉动电压
pulsation	脉动,波动
pulse	脉冲,冲击,冲量
pulse width modulation (PWM)	脉冲宽度调制
punch	穿孔,冲压
puncture intensity	击穿强度
puncture lightning arrester	击穿保险器
puncture voltage	击穿电压
puncturing safety device	击穿保护器
push-button for sound release	音响解除按钮
push-button in field	现场按钮
PWM rectifier	PWM 整流器
quadrantal	象限的

续表

quadrature-axis component	交轴分量
quadrature-axis reactance	交轴电抗
quadrature field，cross-field	正交场，交叉场
quality factor	品质因数
quick acting relay	速动继电器
quiescent point，Q-point	静态工作点
R-S flip-flop	R-S 触发器
radian	弧度
random access memory (RAM)	随机存取存储器
rare earth magnet	稀土磁体
rated，specified，normal	额定的
rated capacity	额定容量
rated condition	额定工况
rated current，current rating	额定电流
rated dissipation	额定功耗
rated excitation	额定励磁
rated load，rated duty	额定负载，额定负荷
rated power，power rating	额定功率
rated power factor	额定功率因数
rated revolution	额定转数
rated slip	额定转差率
rated speed	额定转速，额定速度
rated voltage	额定电压
rating	额定值
RC oscillator	RC 振荡器
reactance	电抗，电抗器
reaction motor	反应式电动机
reactive compensation	无功补偿
reactive component	无功分量
reactive power	无功功率
reactive power meter	无功功率表
reactor	电抗器，电抗线圈，扼流圈

续表

read-only memory (ROM)	只读存储器
real slot	实槽
receptacle box for miscellaneous power supplies	多种电源插销箱
receptacle main line	插座干线
recharge	再充
reclosing relay	重合闸继电器
rectangular wave	矩形波
rectification	整流
rectifier	整流器
rectifier circuit	整流电路
rectifier diode	整流二极管
red obstruction lamp	红色障碍灯
reference direction	参考方向
reference drawing	参考图
reference potential	参考电位
reference variable	基准变量
reference voltage	参考电压,基准电压
referring impedance	折算阻抗
register	寄存器
regulated power supply	稳压电源
relay, electric relay	继电器
relay and contactor testing stand	接触器和继电器试验台
relay for auto-operation	自动操作继电器
relay holding contact (N. O.)	继电器保护触点(常开)
relay N. C. contact	继电器常闭触点
relay N. O. contact	继电器常开触点
release, trip	脱扣
release of interlock	联锁解除
releasing coil	释放线圈
remarks	备注
removable connection	可拆卸的电气连接
renewable energy	可再生能源

续表

repair room	维修间
reproducibles (drawing)	复用图
reset	复位
residual magnetism	剩磁
residual voltage	残留电压
resistance	电阻,阻抗
resistance-capacitance coupled amplifier	阻容耦合放大器
resistive	有抵抗力的
resistor	电阻(器)
resolution	分辨率
resonance frequency	谐振频率
resonance vibration, co-vibration	共振
resonant	谐振的,共振的,共鸣的
rest room	休息室
reverse conducting thyristor (RCT)	逆导晶闸管
reverse-current relay	逆流继电器
reverse leakage current	反向漏电流
reversible process	可逆过程
revolver	旋转变压器
rheostat	变阻器
ripple current	纹波电流
root-mean-square (rms) value	均方根值
rotating magnetic field, rotary field	旋转磁场
rotating phasor	旋转相量
rotating speed	转速
rotation axis	旋转轴
rotative, rotatory	旋转的,转动的
rotor	转子
rubber sheathed cable	橡套电缆
rupturing current	切断电流
safety lighting fitting	安全灯
salient pole synchronous motor	凸极同步电动机

续表

saturable transformer	饱和变压器
saturated output level	饱和输出电平(电压)
saturation	饱和,饱和度
saturation distortion	饱和失真
saturation region	饱和区
saw tooth wave	锯齿波
scalar control	标量控制
scalar quantity	标量
schematic diagram	原理图,示意图
schematic diagram of terminal outgoing lines	出线端子示意图
Schottky barrier diode (SBD)	肖特基势垒二极管,肖特基二极管
screen earthing, shielding ground	屏蔽接地
second-order filter	二阶滤波器
secondary side	二次侧
secondary voltage	二次电压
secondary winding	次级绕组,二次绕组
section	剖面图
section of bus	母线截面
sectionalizing panel	分段屏
sector	扇区
selecting switch for types of operation	操作方式选择开关
self-excited machine	自励电机
self-holding	自保持
self-inductance	自感应
self-lock	自锁
self-reset operating switch	自动复位的操作开关
self-return button with N. C. contact	能自动返回的常闭按钮触点
semi-closed slot	半闭口槽
semiconductor	半导体
semiconductor diode	半导体二极管
semigraph and alarm signal	模拟报警信号
sensor	传感器,敏感器,探测器

续表

sensorless control	无传感器控制
separately excited generator	他励发电机
SEPIC Converter	SEPIC 变换器
sequence of motor starting	电机启动顺序
sequential logic circuit	时序逻辑电路
series	串行
series compounding excitation	串复励
series-field winding	串励绕组
series fluorescent lighting fitting	荧光灯列
series inductance	串联感应
series negative feedback	串联负反馈
series (voltage) regulator	串联型稳压电源
series resonance	串联谐振
services & industry solutions	服务和工业解决方案
servomotor	伺服电动机
set	置位
setting	整定值
setting current	整定电流
seven-segment display	七段显示器
shaft distortion	轴变形
shield	屏蔽，护罩，电缆外屏蔽
shift register	移位寄存器
shock excitation contact	强励磁接点
short circuit	短路，短接
short-circuit current	短路电流
short-hour motor	短时工作电机
short pitch	短节距
short-pitch factor, pitch-shortening factor	短距系数
short-pitch winding, short-chord winding	短距绕组
shorted	短路的
shunt	分流器
shunt trip	分励

续表

side board	边屏
side view of box	箱侧视图
signal	信号
signal circuit	信号线路
signal lamp	信号灯
signal panel	信号屏
signal relay	信号继电器
silicon controlled excitation device	可控硅励磁装置
silicon controlled rectifier box panel	可控硅整流箱屏
silicon diode	硅二极管
silicon rectifier	硅整流器
silicon steel sheet	硅钢片
simplex lap winding	单叠绕组
simulation	模拟
sine wave，sinusoidal wave	正弦波
single-phase asynchronous motor	单相异步电动机
single-phase auto-transformer	单相自耦变压器
single-phase bridge controlled rectifier	单相桥式全控整流电路
single phase earthing	单相接地
single-phase full-bridge inverter	单相全桥逆变电路
single-phase generator	单相发电机
single-phase half-bridge inverter	单相半桥逆变电路
single-phase half-wave controlled rectifier	单相半波可控整流电路
single-phase kilowatt-hour meter	单相电度表
single speed hand winding machine	单速手摇绕线机
single-wire circuit	单线回路
sinusoidal a-c circuit	正弦交流电路
sinusoidal oscillator	正弦波振荡器
sinusoidal voltage	正弦电压
siren	电笛
sliding rheostat	滑线变阻器
slip	转差率

续表

slip power	转差功率
slip ring	滑环，集电环
slot，duct，chute，trough	槽
slot pitch	槽距，节距
slot wedge	槽楔
slotless motor	无槽电动机
slow scanning oscillograph	慢扫描示波器
smart power IC (SPIC)	智能功率集成电路
snubber circuit	缓冲电路，吸收电路
soft starting	软启动
solar energy，solar power，sun power	太阳能
source	电源，源极
source distribution cabinet	电源配电箱
source transformation	电源变换
space	空间
space heater (for motor)	电机加热器
spacing	间距，跨距
span	跨度
span length	跨距
spare bus	备用母线
spare circuit	备用回路
special no-voltage release	特殊失压脱扣器
special transformer H. V. cabinet for induction voltage regulator	感应调压器专用变压器高压柜
specific gravity	比重
spectral decomposition	频谱分解
spectrum	频谱
speed-torque curve	转速-转矩曲线，机械特性曲线
spherical arrester	球型避雷器
splice	中间接头
spurious capacitance	寄生电容，杂散电容
square wave	方波
square wave generator	方波发生器

续表

stability	稳定性
stability range	稳定范围
stable state	稳定态,稳态
standard dome lighting fitting	配照型灯
standing wave	驻波
star connection, Y-connection	星形连接
star-connected three phase windings with neutral outlet	有中性点引出线的星形连接的三相绕组
star-delta starter	星-三角启动器
start-up circuit	启动电路
starter	启动器
starting	启动,起点
starting current	启动电流
starting device	启动设备
starting push-button	启动按钮
starting torque	启动转矩
statement list	语句表
static capacitor cabinet	静电电容器柜
static electricity	静电
static parameter	静态参量
static stability	静态稳定性
stationary field	恒定场
stator	定子,静子
stator leakage field	定子漏磁场
stator leakage flux	定子漏磁通
stator leakage reactance	定子漏抗
stator slot, stator groove	定子槽
stator tooth	定子齿
steady state	稳态
steady state short-circuit current	稳态短路电流
steel wire rope	钢丝绳
step-down transformer	降压变压器

续表

step input voltage	阶跃输入电压
step voltage	阶跃电压，跨步电压
stepping motor	步进电动机
stop band，band gap	禁带，带隙
stopping push-button	停止按钮
storage	贮藏室
store chest	存放柜
stored magnetic energy	磁储能
strap type lightning protector	避雷带
stray	杂散（电容），杂电，杂散的
street lamp	路灯
strong current generator	大电流发生器
structure chart	结构图
sublayer	下层，底层，内层
substation	变电所
subtracting counter	减法计数器
sum frequency	和频
superposition principle，principle of superposition	叠加原理
superposition theorem	叠加原理
supply of emergency electric source	保安电源送电
supply voltage	供电电压
support for fixing down lead	引下线固定支脚
surface arrangement of control box	控制箱面部布置图
surface developed diagram of console	控制箱台面展开图
surface flash-over	表面闪络
surface-mounted single phase 3-pole receptacle	单相三孔明插座
surface-mounted single-pole toggle switch	明装单极板钮开关
surface-mounted 2-pole receptacle	明装双极插座
surge	浪涌
surge relay	冲击继电器
switch	开关，电键
switch box	开关箱

续表

switch for control supply	控制电源开关
switch off the power supply	电源切除
switch reluctance machine (SRM)	开关磁阻电机
switch type	开关型号
switching	配电，交换
switching (voltage) regulator	开关型稳压电源
symmetrical three-phase load	对称三相负载
symmetrical three-phase source	对称三相电源
symmetrical voltage	对称电压
symmetrical winding	对称绕组
synchro, selsyn	自整角机
synchronization of generator to working bus	发电机与工作母线并车
synchronizing cabinet	瓶车箱
synchronous counter	同步计数器
synchronous motor	同步电动机
synchronous reactance	同步电抗
synchronous relay	同步继电器
synchronous transformer	同步变压器，自整角变压器
system stability	系统稳定性
tachogenerator, velodyne, tachodynamo	测速发电机
tachometer	转速表
tail	末端，尾部
talc powder	滑石粉
temperature measuring circuit for stator winding	定子绕组测温回路
temperature prewarning signal	温度预告信号
temperature relay	温度继电器
temperature rise	温升
temperature sensor, temperature pickup	温度传感器
terminal board	端子排
terminal box	端子箱
terminal outgoing	端子出线
terminator	终结器

续表

testing stand for instrument	仪表试验台
thermal cycle	热循环
thermal element	热元件
thermal field	温度场
thermal overload relay	热过载继电器
thermal relay	热继电器
thermistor	热敏电阻
Thevenin's theorem	戴维宁定理
thickness	厚度
three-factor method	三要素法
three-phase asynchronous motor	三相异步电动机
three-phase auto-transformer	三相自耦变压器
three-phase bridge controlled rectifier	三相桥式可控整流电路
three-phase circuit	三相电路
three-phase four-wire standard watthour-meter	三相四线制标准电度表
three-phase four-wire system	三相四线制
three-phase half-wave controlled rectifier	三相半波可控整流电路
three-phase power	三相功率
three-phase slip-ring induction motor	三相滑环感应电动机
three-phase source	三相电源
three-phase squirrel-cage induction motor	三相鼠笼感应电动机
three-phase three-winding transformer	三相三绕组变压器
three-phase three-wire system	三相三线制
three-phase three-wire watt-hour meter	三相三线有功电度表
three-phase varhour meter	三相无功伏安小时计
three-phase watt meter	三相瓦特表(功率表)
three-phase winding with open delta connection	开口三角形连接的三相绕组
three-pole HV circuit-breaker	三极高压断路器
three-way switch	三路开关
throw-in of working electric source	工作电源投入
thunderbolt days	雷电日
thyristor, silicon controlled rectifier (SCR)	晶闸管,可控硅

续表

time constant	时间常数
time relay	时间继电器
time-varying field	时变场
timer	定时器
timing diagram	时序图
tip of lightning rod	避雷针尖
tooth，dentate	齿
torque	转矩，扭矩
torque angle，load angle	转矩角，负载角
torsion moment，torsional moment，torsional torque	扭矩
total harmonic distortion for i（THDi)	电流谐波总畸变率
traction machine	牵引电机
transconductance	跨导
transfer function	转移函数
transfer of working and emergency power supply	工作、保安电源切换
transfer strip	切换片
transfer switch	转换开关
transformation ratio，ratio of transformation	变比
transformer	变压器，互感器，变换器
transformer equivalent circuit	变压器等效电路
transformer station，electric power substation，substation	变电所，变电站
transient reactance	暂态电抗，瞬态电抗
transient response	暂态过程，瞬态响应
transient state	瞬态
transisorized diode	晶体管
transistor	晶体管，三极管
transmission，transfer	传输，传送
travel switch	行程开关
travelling wave	行波，行进波
trench with rack on both sides（one side)	双(单)侧支架电缆沟
tri-state gate	三态门
triangle wave	三角波

续表

triangular connection, delta connection	三角形连接
triangular wave generator	三角波发生器
trigger pulse	触发脉冲
trip	跳闸，脱扣，释放
trip circuit	掉闸回路
trip coil	脱扣线圈
tripping audible signal	掉闸音响信号
tripping coil	掉闸线圈
trolley conductor	滑触线
truth table	真值表
tubular arrester	管形避雷器
turn	匝数
two-layer	双层的
two-pole iron-clad switch	双极铁壳开关
two-pole receptacle with grounding contact	双极带接地插座
type, specification	型号，规格
type and No.	型号及编号
type and variant No.	型号及方案号
ultrasonic motor	超声波电动机
under-voltage relay	低电压继电器
underexcitation	欠励磁，励磁不足
undershoot	负脉冲信号
uniform air-gap	均匀气隙
uniform magnetic field	均匀磁场
unity-gain bandwidth	单位增益带宽
unsymmetrical circuit	不对称电路
upper cut-off frequency	上限截止频率
vacuum circuit breaker (VCB)	真空断路器
vacuum tube voltmeter	真空管电压表
vector	矢量
velocity transducer	速度传感器
virtual work principle	虚功原理

续表

volt	伏,伏特,电压单位
volt-ampere characteristic	伏安特性
voltage	电压
voltage drop	电压降
voltage follower	电压跟随器
voltage gain	电压放大倍数
voltage grade	电压等级
voltage loss	电压损失
voltage main line	电压干线
voltage proof	耐电压
voltage regulating transformer	调压变压器
voltage regulator	调压器
voltage relay	电压继电器
voltage source	电压源
voltage supervision	电压监视
voltmeter	电压表
voltmeter change-over switch	电压表转换开关
volume resistivity	体积电阻率
wall light	壁灯
warping	扭曲,变形
water and dust proof lighting fitting	防水防尘灯
watt	瓦特
wave-length meter	波长表
waveform	波形图
wavelet transform	小波变换
wax	蜡
white metal	白金属合金
wide lit type industrial fitting	广照型工厂灯
wind power generation	风力发电
winding overhang	绕组端部
winding pitch	绕组节距
winding slot	线槽

续表

winding terminal	绕组出线端
wire jointing press-clamp	导线钳压器
wire length	线长
wiring layout	线路配置图
working grounding，working earthing	工作接地
working power supply，working electric source	工作电源
working voltage	工作电压
wound-rotor motor	绕线式电动机
Zener diode	稳压二极管
zero drift	零点漂移
zero-load test，no-load test	空载试验
zero sequence	零序
Zeta converter	Zeta 变换器

参考文献

[1] BAKER M. In other words: a coursebook on translation[M]. Beijing: Foreign Language Teaching and Research Press, 2000.

[2] BELL R T. Translation and translating: theory and practice[M]. Beijing: Foreign Language Teaching and Research Press, 2001.

[3] HICKEY L. The pragmatics of translation [M]. Clevedon and Philadelphia: Multilingual Matters, 1998.

[4] MOUJAHED M, AZZA H B, FRIFITA K, et al. Fault detection and fault-tolerant control of power converter fed PMSM[J]. Electrical engineering, 2016, 98(2): 121-131.

[5] NEWMARK P. A textbook of translation [M]. Shanghai: Shanghai Foreign Language Education Press, 2001.

[6] NEWMARK P. Approaches to translation [M]. Shanghai: Shanghai Foreign Language Education Press, 2001.

[7] NIDA E A. Language, culture, and translating[M]. Shanghai: Shanghai Foreign Language Education Press, 1993.

[8] SAMUELSSON-BROWN G. A practical guide for translators[M]. 4th rev. ed. Beijing: Foreign Language Teaching and Research Press, 2006.

[9] SNELL-HORNBY M. Translation studies: an integrated approach[M]. Rev. ed. Amsterdam: John Benjamins, 1995.

[10] THORNBURY S. Beyond the sentence: introducing discourse analysis [M]. Oxford: Macmillan, 2005.

[11] WILSS W. The science of translation: problems and methods [M]. Shanghai: Shanghai Foreign Language Education Press, 2001.

[12] 曹洁，党媛. 风电接入系统静态电压稳定极限点的快速计算方法[J]. 电气自动化，2020，42(6)：13-16，88.

[13] 陈登，谭琼琳. 英汉翻译实例评析[M]. 长沙：湖南大学出版社，1997.

[14] 陈福康.中国译学理论史稿[M].上海:上海外语教育出版社,1992.
[15] 陈宏薇.汉英翻译基础[M].上海:上海外语教育出版社,1998.
[16] 陈廷祐.英文汉译技巧[M].北京:外语教学与研究出版社,1980.
[17] 戴文进.电气工程及其自动化专业英语[M].北京:电子工业出版社,2011.
[18] 杜承南,文军.中国当代翻译百论[M].重庆:重庆大学出版社,1994.
[19]《翻译通讯》编辑部.翻译研究论文集(1894—1948)[M].北京:外语教学与研究出版社,1984.
[20]《翻译通讯》编辑部.翻译研究论文集(1849—1983)[M].北京:外语教学与研究出版社,1984.
[21] 范仲英.实用翻译教程[M].北京:外语教学与研究出版社,1994.
[22] 方梦之.应用翻译教程[M].上海:上海外语教育出版社,2015.
[23] 冯庆华.实用翻译教程:英汉互译[M].上海:上海外语教育出版社,1997.
[24] 冯树鉴.实用英汉翻译技巧[M].上海:同济大学出版社,1995.
[25] 冯伟年.高校英汉翻译实例评析[M].西安:西北大学出版社,1996.
[26] 高卫宏,赵兴勇.含复合储能的直流微电网母线电压波动抑制[J].电气自动化,2020,42(5):72-75.
[27] 郭建中.当代美国翻译理论[M].武汉:湖北教育出版社,2000.
[28] 韩其顺,王学铭.英汉科技翻译教程[M].上海:上海外语教育出版社,1990.
[29] 何鹏辉,祝云,姚梦婷.水电站远程集控分布式数据采集系统设计[J].电气自动化,2020,42(6):95-97,114.
[30] 黄忠廉.变译理论[M].北京:中国对外翻译出版公司,2002.
[31] 姜雪.电力专业英语一词多译现象研究[J].中国电力教育,2010(24):213-215.
[32] 江镇华.英文专利文献阅读入门[M].北京:专利文献出版社,1984.
[33] 井升华.英语实用文大全[M].南京:译林出版社,1995.
[34] 柯平.英汉与汉英翻译教程[M].北京:北京大学出版社,1991.
[35] 李军,王斌.电气工程与自动化专业英语[M].北京:人民邮电出版社,2015.
[36] 李莉,李智,鲍冠南,等.备用辅助服务参与下的特高压受端电网经济调度优化[J].电气自动化,2020,42(6):62-66.
[37] 李凌,李一铭,卢纯颢,等.基于设备联切的输电阻塞管理与断面监控方法

[J]. 电气自动化,2020,42(5):76-79.

[38] 李文娟. 电气工程及其自动化专业英语[M]. 武汉:华中科技大学出版社,2007.

[39] 李文娟,周美兰,戈宝军. 电气工程及其自动化专业英语教学探究[J]. 电气电子教学学报,2008(S1):67-69.

[40] 李亚舒,严毓棠,张明,等. 科技翻译论著集萃[M]. 北京:中国科学技术出版社,1994.

[41] 李自成. 电气工程及其自动化专业英语词句特征与翻译[J]. 中国科技翻译,2014,27(4):11-13,27.

[42] 连淑能. 论中西思维方式[J]. 外语与外语教学,2002(2):40-46,63-64.

[43] 连淑能. 英汉对比研究[M]. 北京:高等教育出版社,1993.

[44] 连淑能. 英语的"抽象"与汉语的"具体"[J]. 外语学刊(黑龙江大学学报),1993(3):24-31.

[45] 林孔元. 电气工程学概论[M]. 北京:高等教育出版社,2009.

[46] 刘俐利, 刘岩. 电气工程专业英语翻译技巧及实践[J]. 课程教育研究,2014(6):152-153.

[47] 刘宓庆. 文体与翻译[M]. 北京:中国对外翻译出版公司,1986.

[48] 刘全福. 语境分析与褒贬语义取向[J]. 中国科技翻译,1999,12(3):1-4.

[49] 彭霞媚. 浅谈电力专业英语长句的翻译方法[J]. 中国电力教育,2010(24):228-229.

[50] 申小龙. 汉语语法研究的人文科学方法论[J]. 延边大学学报(哲学社会科学版),1992(2):76-82.

[51] 孙致礼. 翻译:理论与实践探索[M]. 南京:译林出版社,1999.

[52] 孙致礼. 新编英汉翻译教程[M]. 上海:上海外语教育出版社,2003.

[53] 谭载喜. 新编奈达论翻译[M]. 北京:中国对外翻译出版公司,1999.

[54] 王会娟,吕淑文,周建芝. 翻译技巧与实践教程[M]. 徐州:中国矿业大学出版社,2008.

[55] 王泉水. 科技英语翻译技巧[M]. 天津:天津科学技术出版社,1991.

[56] 王卫平,潘丽蓉. 英语科技文献的语言特点与翻译[M]. 上海:上海交通大学出版社,2009.

[57] 魏立明. 电气工程及其自动化专业英语[M]. 北京:清华大学出版社,2012.

[58] 韦薇,杨寿康. 科技英语文体研究[M]. 长沙:中南大学出版社,2015.

[59] 魏志成.英汉比较翻译教程[M].北京:清华大学出版社,2004.

[60] 吴嘉平.电力专业英语长句翻译[J].华北电力大学学报(社会科学版),2010(3):114-117.

[61] 吴文辉.电气工程基础[M].武汉:华中科技大学出版社,2010.

[62] 肖登明.电气工程概论[M].2版.北京:中国电力出版社,2013.

[63] 徐丹.科普文本被动句英译汉的策略研究[D].北京:北京理工大学,2015.

[64] 许建平.英汉互译实践与技巧[M].2版.北京:清华大学出版社,2003.

[65] 阎庆甲.科技英语译文的词序问题[J].上海科技翻译,1990(2):23-25.

[66] 杨莉藜.英汉互译教程[M].开封:河南大学出版社,1993.

[67] 杨勇,邓秋玲.电气工程及其自动化专业英语[M].北京:电子工业出版社,2014.

[68] 叶子南.高级英汉翻译理论与实践[M].北京:清华大学出版社,2001.

[69] 袁崇章.论科技译文的语体特征[J].外语教学,1987(4):68-74.

[70] 张干周,郭社森.科技英语翻译[M].杭州:浙江大学出版社,2015.

[71] 章和升,王云桥.英汉翻译技巧[M].北京:当代世界出版社,1997.

[72] 张培基,喻云根,李宗杰,等.英汉翻译教程[M].上海:上海外语教育出版社,1980.

[73] 张克礼.英语歧义结构[M].天津:南开大学出版社,1993.

[74] 赵瑞林.电气自动化专业英语文献翻译的研究[J].自动化与仪器仪表,2016(4):140-142.

[75] 赵世开.汉英对比语法论集[M].上海:上海外语教育出版社,1999.

[76] 赵振才,王廷秀,等.科技英语翻译常见错误分析[M].北京:国防工业出版社,1990.

[77] 祝晓东,张强华,古绪满.电气工程专业英语实用教程[M].北京:清华大学出版社,2006.

[78] 庄绎传.英汉翻译简明教程[M].北京:外语教学与研究出版社,2002.